怒江流域水文水资源研究

刘新有 著

 中国水利水电出版社
www.waterpub.com.cn
·北京·

内 容 提 要

本书结合怒江流域独特的气候与自然地理背景,系统研究了怒江流域气候及水沙基本特征、分异规律及变化趋势,并构建了怒江流域分布式水文模型,分别对土地利用情景与气候变化情景进行了模拟。主要内容包括:怒江流域气候及水沙时空分异特征,怒江流域基流分割及其时空分异特征,怒江流域中上游枯季径流对气候变化的响应,怒江流域水文模型构建,怒江流域降水变化及其土壤侵蚀响应,怒江流域土地利用与气候变化的水沙响应情景模拟。

本书可供水文水资源、水利规划与管理、水利工程、环境管理等相关行业的科技人员、管理人员参考阅读。

图书在版编目(CIP)数据

怒江流域水文水资源研究 / 刘新有著. -- 北京:
中国水利水电出版社,2017.5
ISBN 978-7-5170-5443-6

Ⅰ.①怒… Ⅱ.①刘… Ⅲ.①怒江-流域-水资源-研究 Ⅳ.①TV21

中国版本图书馆CIP数据核字(2017)第095983号

书　　名	**怒江流域水文水资源研究** NU JIANG LIUYU SHUIWEN SHUIZIYUAN YANJIU	
作　　者	刘新有　著	
出版发行	中国水利水电出版社 (北京市海淀区玉渊潭南路1号D座　100038) 网址:www.waterpub.com.cn E-mail:sales@waterpub.com.cn 电话:(010)68367658(营销中心)	
经　　售	北京科水图书销售中心(零售) 电话:(010)88383994、63202643、68545874 全国各地新华书店和相关出版物销售网点	
排　　版	中国水利水电出版社微机排版中心	
印　　刷	虎彩印艺股份有限公司	
规　　格	170mm×240mm　16开本　8.75印张　172千字	
版　　次	2017年5月第1版　2017年5月第1次印刷	
印　　数	001—600册	
定　　价	**40.00元**	

前言
FORWARD

　　怒江-萨尔温江是纵贯我国西南和中南半岛的全球最典型的南北向国际大河，其在中国境内称为怒江。怒江流域面积为 13.67 万 km^2，其中干流河长 2013km，流域面积为 12.48 万 km^2，地势北高南低，呈南北狭长形，地形起伏巨大，相对高差达 6000 余 m。在纵向岭谷地形和季风气候的交互作用下，怒江流域气候的区域差异十分明显，"立体气候"特点突出，变化复杂。从上游到下游依次分布有亚寒带至北热带的各种气候带，年平均气温南北相差悬殊，水文过程独特，生态系统多样，对全球气候变化和人类活动的响应极其敏感和复杂。独特的峡谷地形和气候条件使怒江流域成为我国西南与南亚极为重要的生态廊道和全球生物多样性保护的重要区域，具有重要的生态价值。

　　怒江是目前西南纵向岭谷区唯一不受干流水电工程影响的大河，是研究气候变化与水文过程交互影响的理想场所。流域水文过程变化受气候变化、自然地理条件及人类活动的综合影响，影响因子和相互作用的驱动机制复杂。地统计方法通过对现象的时空数据统计分析来发现其内在规律，并作出一定精确程度的判断和预测，在自然科学、工程技术、管理科学及人文社会科学中得到越来越广泛的应用，但由于缺乏明确的物理意义，无法更加深入地揭示流域水文过程变化的因果关系和形成机制。分布式水文模型物理意义明确，能够揭示和定量描述当前水文过程变化与其影响因子的相互关系，也能通过对土地利用和气候变化等预设情境的模拟，预估其变化对流域水文过程的影响。将地统计方法与分布式水文模型结合起来，不仅能够全面定量描述流域水文特征及其变化规律，还能够深刻揭示流域水文过程变化的驱动机制，有利于多层次多角度地发现问题和解释问题，为解决问题提供依据。本书通过地统计方法揭示怒江流域气候特征、水沙分异规律以及两者之间的关系，通过水文模拟揭示流域水沙变化的驱动机制，可直接服务于流域水资源合理利用与管理、涉水工程建设、跨境生态安全和能源安全等重大需求，具有突出的时效性、紧迫性和重要性。

本书共分9章。第1章阐述了怒江流域气候与水文水资源研究的背景与意义，总结了国内外研究进展；第2章梳理了怒江流域概况；第3章开展了怒江流域气候时空分异特征及气候要素之间的关系研究；第4章开展了怒江流域水沙时空分异规律及基于复权马尔可夫链的水沙短期预测研究，并对纵向岭谷区的怒江、澜沧江、红河径流年际变化及年内分配进行了对比分析；第5章利用数字滤波法进行了怒江流域基流分割，并对其基流时空分异特征进行了分析；第6章开展了怒江流域中上游枯季径流特征及其对气候变化的响应研究；第7章构建了怒江流域数据库与SWAT模型，并对模型进行了率定与验证；第8章对怒江流域土壤侵蚀进行了模拟，并对流域土壤侵蚀对降水的响应进行了分析；第9章对设置的不同土地利用情景和气候变化情景分别进行了径流和输沙模拟。

本书是在作者博士论文的基础上补充修改而成的，并得到了何大明教授的精心指导。其中，第3章主要由樊辉撰写，第6章主要由罗贤撰写，谢飞帆参与了SWAT模型构建，王杰、罗贤在基础数据上提供了无私帮助，胡金明、冯彦、柳江、傅开道、陆颖、李运刚对本书的修改提出了宝贵意见，在此深表谢意。

本书的出版得到了国家自然科学基金（U1202232）"怒江与澜沧江流域水文过程及其驱动机制研究"及云南省国际河流与跨境生态安全重点实验室的资助。由于所能获得的基础数据和作者水平有限，书中难免存在不足之处，敬请广大专家、读者批评指正。

作者

2017 年 2 月

目录 CONTENTS

第 1 章

绪论

1.1 研究背景与意义

1.1.1 研究背景

从不同尺度探讨全球变化和人类活动影响下的水循环及与之相关的资源与环境问题，已成为 21 世纪水科学研究的热点和前沿（Immerzeel 和 Bierkens，2010；Vorosmarty 等，2000，2010）。为此，有关国际组织实施了一系列国际水科学计划（如 IHP、WCRP、IGBP、GWSP 等），将全球变化和人类活动对区域水循环与水安全的影响列为其重点研究内容。《国家中长期科学和技术发展规划纲要（2006—2020 年）》在面向国家重大战略需求的基础研究"全球变化与区域响应"中，也将"大尺度水文循环对全球变化的响应以及全球变化对区域水资源的影响"列为重点研究内容之一。怒江流域处于我国西南的纵向岭谷区，水能资源蕴藏量极大，生物物种丰富，是国家级水电能源建设基地和极为重要的基因宝库（何大明，2005）。同时，受独特的气候条件和地形影响，其生态系统脆弱，对气候变化和人类活动的响应极其敏感。揭示纵向岭谷区环境系统与水循环过程成为了该区域生态屏障建设与水资源可持续利用迫切需要解决的问题。

怒江-萨尔温江是纵贯中国西南和中南半岛的全球最典型的南北向国际大河，中国境内部分称为怒江。在金沙江、澜沧江等西南大河进行大规模梯级水电开发之后，怒江的水电资源开发及生态影响再次成为关注的热点。云南省境内怒江干流水能资源理论蕴藏量达 1815 万 kW，经济可开发量达 1797 万 kW，目前水能资源开发率仅约 2％（冯彦等，2008）。但由于怒江处于断裂带和"三江并流"世界自然遗产保护区，怒江水电开发自 2003 年以来就广受争议。反对方的观点是怒江具有全世界独一无二的生物多样性，中国需要一条原生态的河流，且怒江不具备建坝的地质条件；支持方则认为，怒江 13 级水电开发每年可为全国创造价值 300 多亿元，既能改变当地的贫穷状态，又能减少我国对化石能源的依赖（汪永晨，2011）。在近年国家能源需求增加和减少温室气体排放的双重压力下，广受争议的怒江大规模水电梯级开发前期工作在"十二五"期间开始启动，但直至"十三五"期间，水电梯级开发工程建设仍未启动。如何在进行大规模梯级水电开发的同时兼顾流域土地科学利用和生态保护也成为社会各界关注的焦点。

怒江流域在纵向岭谷地形和西南季风的影响下，气候类型、水文特征和生态系统独特，区域分异明显。上游西藏段为高寒山区，河谷宽阔，河流补给以冰雪融水为主，植被以草甸为主；中下游云南段为高山峡谷区，立体气候显著，河流补给以降水为主，水文过程变化复杂，植被类型和生态系统多样。径流与输沙时空分异是流域气候变化与人类活动综合作用的结果，也是流域生态环境变化的集中反映。因此，厘清怒江流域水沙时空分异特征及其驱动机制，是科学进行大规模梯级水电开发，发挥最大综合效益的基础，也是流域资源开发利用和生态保护科学决策的依据。

1.1.2 研究意义

国际河流的水文过程变化的资源环境效应及跨境影响等，因涉及国家主权而更为复杂和敏感（何大明等，2007），受到广泛关注，一直是国际研究的热点（Stahl K，2005）。怒江-萨尔温江纵贯我国西南及中南半岛，是全球最典型的南北向发育的国际大河。其独特的地理环境、丰富的自然资源、突出的生物多样性和频发的山地灾害等都具世界性意义；在纵向岭谷地形和季风气候的交互作用下，其水文过程独特，对全球变化的响应强烈、复杂。近 40 年来，随着国家对西南国际河流生态环境和水电基地建设的高度重视，开展了一系列相关研究，特别是金沙江、澜沧江等纵向岭谷区河流研究取得了较好的进展。但由于该区域气候变化复杂，生态环境脆弱，加之水电开发等人类活动的影响，水文过程变得尤为复杂，仍然存在许多需要进一步深入研究的课题。怒江流域更是因地处边陲、通行困难、灾害多发，社会经济严重滞后，基础研究极为薄弱，其流域尺度的水沙分异特征及其驱动机制研究仍为空白。

本书利用怒江流域长系列水文观测记录，结合野外综合考察，利用小波分析、集中度与集中期、Mann-Kendall 检验、R/S 分析等方法，对流域水沙的变化周期、年内分配、突变及未来变化趋势进行分析，揭示流域气候与水文水资源分异规律及两者之间的关系；利用数字滤波方法，对流域基流进行分割，并对流域基流特征进行分析；在建立怒江流域云南段空间数据库和属性数据库的基础上，构建流域 SWAT 分布式水文模型，分析流域土壤侵蚀变化及其与降水的关系，并对不同土地利用和气候变化情景下的流域径流和输沙响应进行模拟。在怒江大规模水电开发前夕，进行这些抢救性的基础研究，将从整体上填补怒江流域水沙分异规律及其驱动机制研究的空白，不仅丰富和发展了高原山地纵向大河水沙对气候变化和人类活动的响应研究，还直接服务于流域水资源管理、涉水工程建设、跨境生态安全、能源安全和环境外交等重大需求，具有突出的时效性、紧迫性和重要性。

1.2 国内外研究进展

河流水文过程是气候变化与人类活动的集中体现。20 世纪初期以来，世界上许多河流在气候变化、土地利用/覆盖变化以及大坝建设的影响下，径流和输沙发生了较大的变化，引起了世界各国专家学者的广泛关注。本书从气候变化对水文过程的影响研究、土地利用/覆盖变化对河流输沙的影响研究、水文模型研究和怒江流域相关研究 4 个方面对国内外研究进行总结归纳。

1.2.1 气候变化对水文过程的影响研究

气候变化是水文循环的主要驱动力之一，对整个水文过程影响深刻。全球气候变化下的水文循环研究已成为 21 世纪水科学研究的热点（夏军等，2002）。许多国际重大研究计划都把水文过程对全球变化的响应研究列为重要研究领域（张建云等，2007）。气候变化影响研究起步于 20 世纪 70 年代后期，在世界气象组织（WMO）、联合国环境规划署（UNEP）、国际水文科学协会（IAHS）等国际组织促进下，先后开展并实施了世界气候影响研究计划（WCIP）、全球能量水循环试验（GEWEX）等项目的研究。1977 年，美国国家研究协会（UNSA）组织会议讨论了气候变化对供水的影响。1985 年，世界气象组织发表了气候变化对水文水资源影响的综述报告，之后又发表了水文水资源系统对气候变化的敏感性分析报告。1987 年，国际水文科学协会在第十九届国际大地测量与国际地球物理联合会（IUGG）中举办了"气候变化和气候波动对水文水资源的影响"专题学术讨论会。1988 年，联合国环境规划署及世界气象组织共同组建政府间气候变化专门委员会（Intergovernmental Panel on Climate Change，IPCC），其任务是为政府决策者提供气候变化的科学基础，以使决策者认识人类对气候系统造成的危险并采取对策。1990 年以来，IPCC 先后于 1990 年、1996 年、2001 年和 2007 年对全球气候变化进行了四次评估，汇总了全球气候变化的影响、适应性、脆弱性和阈值等方面的最新研究成果。

我国对水文水资源的全球气候变化响应研究起步较晚，但发展很快。从"八五"期间开始，以气候变化对水文水资源的影响为主题，开展了一系列研究，如"八五"科技攻关项目"气候变化对水文水资源的影响及适应对策研究"，"九五"科技攻关项目"气候异常对我国水资源及水分循环影响的评估模型研究"，"十五"科技攻关项目"气候异常对我国淡水资源的影响阈值及综合评价"等。1999年以来，国家重点基础研究发展计划（"973 计划"）资源环境领域先后立项了"黄河流域水资源演化规律与可再生性维持机理""全球变暖背景下东亚能量和水分循环变异及其对我国极端气候的影响""青藏高原环境变化及其对全球变化的响应与适应对策""气候变化对我国东部季风区陆地水循环与水资源安全的影响及适应对策"和"纵向岭谷区生态系统变化与西南跨境生态安全"等。

在气候要素中,降水是径流的主要来源,也是导致土壤侵蚀的原动力。降水对径流的影响机理相对简单,而对土壤侵蚀的影响较为复杂,因此降水对土壤侵蚀的影响成为了研究重点。降水量、降水强度及降水历时等降水特征与产沙密切相关(Zheng M G 等,2007;许炯心,2004;王兆印等,2003)。戴仕宝等(2007)对近 50 年来中国主要河流入海泥沙变化进行了研究,认为降水量的减少是导致北方河流输沙减少的原因之一。许炯心(2003)的研究表明,自 20 世纪70 年代以来,黄河入海泥沙通量表现出明显减少的趋势,且入海泥沙通量对于上、中游不同的水沙来源区降水变化的响应方式不同,多沙细沙区降水的减少对于黄河入海泥沙通量的影响最大。高旭彪等(2008)通过建立泥沙与降水的关系,得出降水变化对入黄河泥沙的影响量相当于泥沙总变化量的 30%~60%。陈月红等(2009)以次降雨径流产沙为主要研究对象,模拟黄土高原吕二沟流域不同降雨强度及不同土地利用情况下降雨量-径流量、径流量-输沙量的相互关系数学表达式,表明在同一土地利用情况下,场降雨量和场径流量之间存在指数函数相关关系,场径流量和场产沙量之间存在幂函数相关关系。查小春等(2002)通过对分别位于秦岭南北的汉江和渭河不同时期泥沙含量的比较,认为秦岭山脉南北水文气候环境对全球变化的响应存在一定的区域性。任敬等(2007)采用相关分析与 Granger 因果检验证明,20 世纪 60 年代与 90 年代的区域气候变化是红河泥沙变化的主要原因,而 20 世纪 70 年代与 80 年代流域内的人类活动对红河泥沙变化的影响比气候变化更明显。李子君等(2008)基于降水-产沙统计模型,定量评估了降水变化及人类活动对密云水库入库泥沙量的影响。Zuo Xue J 等(2011)研究表明,季风气候变化是引起湄公河近 50 年来泥沙变化的主要原因之一。气候变化除直接对泥沙产生影响外,还对泥沙中的营养盐输送造成影响(Duan S W 等,2008;李新艳等,2009)。

1.2.2 土地利用/覆盖变化对河流输沙的影响研究

土地资源是人类赖以生存和发展的重要物质基础。土地利用/覆盖变化(LUCC)直接体现和反映了人类活动的影响水平,也是引起全球变化的主要原因(唐华俊等,2009)。流域生态系统中包含了诸多影响土壤侵蚀和河流输沙的因素,其中土地利用/覆被变化是十分重要的方面(Carroll C 等,2000;Verstraeten G 等,2003)。因此,通过调整土地利用格局,可以起到提高流域生态系统保土保沙能力,进而提高其减轻水库泥沙淤积服务能力(Sanchez L A 等,2002)。近年来,土地利用变化、人类活动干扰、水土流失治理、泥沙控制和大坝建设导致世界许多河流的泥沙量发生了显著变化(Des E Walling,2008)。其中,土壤侵蚀加剧是导致河流输沙增加的主要原因(田海涛等,2006)。土地利用/覆盖变化与全球气候变化的共同作用,是局部、区域或全球水文过程变化的主要原因（刘新卫，2004；余钟波，2008）。20世纪50—90年代，研究重点是探讨自然因素对于河流输送颗粒态物质通量的影响；20世纪末至21世纪初，除重视自然因素外，还特别关注人类活动对于河流输送物质通量及其未来趋势变化的影响（李新艳等，2009）。研究表明，较长时间尺度上，气候变化对水文水资源的影响更加明显，但短期内，土地利用/覆被变化是水文变化的主要驱动要素之一（李昌峰，2002），且土地利用/覆盖变化等人类活动施加的影响越来越大（李新艳等，2009）。近半个世纪以来，世界人口急剧增长，人类对粮食、住房和基础设施的需求急剧增加，从而导致土地利用/覆盖急剧变化、水土流失加剧和泥沙增加，这种现象在许多发展中国家和欠发达地区尤为突出。土地利用/覆被变化水文效应的研究是目前乃至未来几十年的一个热点问题和前沿领域（De Fries R，2004；李丽娟，2007）。由于土地利用/覆被变化对水文过程的影响直接导致流域生态环境及社会经济等变化，因此如何采取有效方法揭示土地利用/覆被变化对流域水文过程的影响，是目前亟待解决的问题（刘贤赵等，2005；王根绪，2005）。国内外学者以土地利用/覆盖变化研究为中心，结合气候变化、社会经济活动及生态系统变化展开了许多有益的综合研究（王中根，2003）。

中国是一个多沙国家，国内学者对我国一些重要河流，特别是多沙河流开展了大量研究。研究表明，黄河中游的粗泥沙主要来源于河龙区间（河口镇至龙门）以及泾、洛、渭等几条支流，粗沙来源区与多沙来源区基本一致，形成所谓的多沙粗沙区；在黄河泥沙控制中，水土保持措施（梯、林、草、坝等）起到了很好的减洪减沙作用，人工林区与无林或少林区相比，减沙效益高达78%～96%（朱金兆等，2004）。高旭彪等（2008）通过建立泥沙与降水的关系，得出降水以外的其他因素对入黄河泥沙的影响量占总变化量的40%～70%，且其作用具有越来越显著的趋势。在影响流域产沙量诸多因素中，植被的影响是最重要的，其次是地面物质（卢金发等，2003）；因此，以植树造林和水土保持为中心的生态建设对防治水土流失起了重大作用（李子君等，2008）。松花江流域河流泥沙及其对人类活动的响应特征研究表明，流域输沙量负荷的变化与流域内重大历史事件、国家政策等人为活动的变化密切相关（李林育，2009）。二滩水库集水区不同结构类型土地利用/覆被情景对保沙能力所产生的影响模拟表明，保沙能力林地＞草地＞裸地＞农用地，农用地保沙能力最弱，是最为主要的产沙源（吴楠等，2009）。山西省吉县蔡家川流域1985—2003年9个径流小区的降雨产流产沙的定位观测分析表明，坡面自然更新的次生林比人工刺槐林具有更好的涵养水源和保持水土功能，场降雨产流量和产沙量分别减少65%～82%和23%～92%（张晓明等，2005）；少林流域暴雨径流输沙量是多林流域的3～6倍，且前者暴雨径流输沙过程线的变化比后者剧烈得多（张晓明等，2006）。土地利用/覆盖变化除对产沙量产生影响外，还对泥沙输移比产生影响（蔡强国等，2004）。

1.2.3 水文模型研究

水文模型作为评价气候及土地利用等对水文过程影响的重要工具，一直以来受到水文科学界的高度关注，利用水文模型进行气候变化下的河流水沙模拟已成为重要发展方向（Fu G B 等，2007；Benedikt N 等，2007；王国庆等，2006）。与径流相比，土壤侵蚀和泥沙输移的自然过程非常复杂，其精确模拟一直是水文科学界非常重要且颇具有挑战性的任务。欧美国家泥沙模拟研究开展较早且发展迅速（Einstein H A 等，1954；Lin Q，2010）。自 1914 年 Gilbert 提出第一个输沙方程以来，已研究开发了很多河流输沙模型，早期的输沙模型有的只考虑总输沙量而不区分推移质和悬移质，有的将推移质和悬移质分开计算，其中总输沙量方程最为常用（Acharya Anu，2011）。大多数早期的模型假设泥沙总量在每个计算节点上瞬间平衡，这种模型被称为平衡或饱和的泥沙输移建模方法。然而，由于水体的流动性，泥沙输移很少处在一个平衡状态，局部平衡的假设不符合实际，因此，作为一个更逼真的技术，非均衡输沙建模在近几十年快速发展起来。这种方法放弃局部平衡假设，并解决了推移质和悬移质输沙的实际输移问题，能够更好地描述输沙的时间和空间滞后性（Wu Weiming，2010）。因此，运用非均衡输沙规律，可以增加对水流泥沙输移规律的认识，为已有数学模型和实体模型完善提供基础（董年虎等，2011）。

20 世纪 60 年代以来，随着社会需求及信息技术的发展，人们对水文过程认识和研究的不断深化，水文模型经历了从"黑箱子"模型、概念性模型到物理性模型，从集总式模型到分布式模型的发展过程（刘登峰等，2007）。集总式水文模型的框架主要是建立在流域水文过程的概念性理解之上。在过去相当长的一个阶段里，因为计算能力和观测数据的限制，人们应用集总式的方法描述水文过程，发展了大量集总式水文模型，如 USLE 模型、HEC-1 模型、新安江模型、WRAP 模型、WEAP 模型、日本的水箱模型等（赵串串等，2007）。分布式流域水文模型最显著的特点是与 DEM 结合，将流域分成很多小单元，充分考虑水文参数和过程的空间异质性，与自然界中下垫面的复杂性和降水时空分布不均匀性导致的流域产汇流高度非线性的特征相符，因而所揭示的水文循环过程更接近客观实际，是水文模型发展的必然趋势（Sivapalan M 等，2003；贾仰文等，2005；刘昌明等，2006；徐宗学，2010）。20 世纪 90 年代前后，在全球变化对水文循环影响等研究需求的推动下，涌现了一批分布式水文模型，如 TOP-MODEL（Top Graphy Based Hydrological Model）、SHE、DHSVM（Distributed Hydrology Soil Vegetation Model）、VIC（Variable Infiltration Capacity）、SWAT（Soil and Water Assessment Tool）、HMS（Hydrologic Model System）等，并在实际问题中得到了广泛应用（徐宗学，2010）。

1.2.4 怒江流域相关研究

高原与山地是受全球变化影响强烈和敏感的地区（李文华，2002），其研究颇受关注。近年来，中国西南的纵向岭谷区因地理环境独特、生物多样性突出、水资源和水能资源丰富，以及国家水电能源基地建设的重大需求，逐步开展了多方面的基础性研究，但由于种种原因，有关怒江流域的研究相对滞后，研究基础薄弱。从已有的相关研究来看，怒江流域基础研究主要集中在气候变化、土地利用及其对水文过程的影响方面，但成果较为零散，缺乏全流域尺度的研究。

相关研究表明，近 40 年怒江流域年平均气温以 0.26℃/10a 的速率显著升高，年降水量以 21.0mm/10a 的速率显著增加，且随着纬度的增加和海拔的上升，年平均气温升温幅度加大，年降水量增幅也增大（杜军等，2009）；怒江流域年太阳总辐射量 1981—1997 年呈明显下降趋势，为 −161.1MJ/(m² · 10a)，1997 年之后以 111.3MJ/(m² · 10a) 的速度上升，低云量是怒江流域太阳总辐射量变化的主要影响因子，且与太阳总辐射量存在明显的负相关关系（石磊等，2010）。1998—2008 年的区域植被指数与气象因子主要呈指数关系，生长季内各月的 NDVI 变化与气温、降水、日照呈同期与滞后相关关系（袁雷等，2010）；近 45 年来怒江流域出境的河川径流量表现出增加的趋势，径流量变化与东亚和南亚季风环流系统活动的变化相关（尤卫红等，2007）。

作为人类活动的主要表现，土地利用及其关联效应也是怒江流域研究的主要方向。基于遥感数据的水土流失监测分析表明，云南怒江流域云南段水土流失面积占总面积的 55.75%，且以轻度、中度和强度为主，极强度和剧烈很少，不到总面积的 5%。从 20 世纪 80 年代至 21 世纪初，怒江流域西藏源头区域气候变化造成了高寒草地的退化（Gao Qingzhu，2010），怒江流域云南段水土流失强度减轻面积大于加重面积，流域水土流失状况出现好转（王艳芳等，2009）。但退耕还林后，怒江流域部分小流域人均耕地减少，人地矛盾突出，粮食压力大，农户生计问题急需解决（赵筱青等，2008）。同时，怒江流域林地景观结构发生了明显的退化，有林地景观由破碎化趋势转为退化趋势，灌木林和疏林地景观由集聚化特征转为破碎化趋势。从空间格局来看，变化的空间差异性很大，贡山、泸水、保山等地林地景观变化集中且非常剧烈（邹秀萍等，2006）。其中，暖温性灌丛及灌草丛和暖温性针叶林的缀块数量最多，破碎化程度较高（刘韬，2009）；流域森林植被保护和恢复并没有取得预期效果（Horst Weyerhaeuser 等，2005）。流域中段典型地区（福贡县）有林地面积 1986—2004 年呈持续减少趋势，灌木林面积、荒草地面积、耕地面积、滩涂面积和城镇面积则是持续增加，斑块数持续增加，景观破碎化趋势明显，人为干扰是导致该区景观格局发生变化的主要驱动因子（杨华等，2008）。初步研究表明，由于怒江流域地处纵向岭谷区核心地带，其岭谷地形的"通道-阻隔"作用对地表生态水文过程的影响最为明显（周长海等，2006），在干流河谷区的生态格局及其资源环境效应与季风驱动下的水汽通道作用影响直接关联；流域的生态变化主要受自然因素的控制（冯彦等，2008），但人类活动对土地利用和景观结构的干扰逐渐加强（邹秀萍等，2005）。在河道演变方面，西南山地非冲积性河流同样遵循河相关系理论，从西部的怒江到中部的澜沧江，再到东部的金沙江，其河相关系的年际变化幅度逐渐减小，与它们受到构造抬升的影响减弱相适应（王随继等，2009）。

由于怒江流域地质特殊性和生态的脆弱性，2003 年起围绕怒江水电开发的生态影响问题，引起了社会各界的广泛关注。有研究认为，云南省"三江"流域拟建、在建的水电工程可能造成水库诱发地震是一个值得高度重视的问题（杨晶琼等，2008）。此外，怒江流域梯级开发将改变原有河流的生态系统，对流域的生态环境产生重大影响，应以流域的生态环境可承受程度作为临界阈值以控制怒江的生态环境累积效应（钟华平等，2008），同时考虑不同影响因素条件下的健康流量阈值（耿雷华等，2008）。社会经济方面，由于怒江水电移民与生态、人口、土地、文化等方面存在不同属性的关联（包广静，2010），应妥善处理。因此，解决怒江水电开发问题的关键，应该是在可持续发展的原则下，寻找经济发展与生态保护之间的相对平衡点（董哲仁，2006）。

第 2 章

怒江流域概况

2.1 地形地貌

怒江-萨尔温江发源于青藏高原的唐古拉山南麓的吉热拍格，流经西藏那曲、昌都地区进入云南，向南流经怒江州与保山市，于德宏傣族景颇族自治州潞西市向西南方向流入缅甸后改称萨尔温江，最后注入印度洋的安达曼海。怒江-萨尔温江中国段称为怒江，地处东经 $91°10'\sim100°15'$、北纬 $23°5'\sim32°48'$，流域面积为 13.67 万 km^2。其中，干流河长 2013km，流域面积为 12.48 万 km^2，地势北高南低，呈南北狭长形。怒江源头北隔唐古拉山与长江源头相邻，东以他念他翁山—怒山为分水岭与澜沧江相邻，西和西南以念青唐古拉山—高黎贡山为分水岭与雅鲁藏布江和伊洛瓦底江相邻。流域地质构造以南北向断裂为主，山高坡陡，河谷深切，深大断裂发育，断层纵横交错，岩体破碎，风化作用强烈。怒江流域云南段地貌单元位于纵向岭谷区，六库以下河谷逐渐变宽，为上紧下疏的帚状地形，左岸的碧罗雪山延至保山市隆阳区，右岸的高黎贡山于龙陵县为丘陵盆地所代替。整个流域地表起伏大、地质地貌复杂。

上游（嘉玉桥以上）地处青藏高原腹地，地势较为开阔，河道海拔 3125m 以上，河源海拔 5200m，平均坡降为 2.53‰。海拔一般在 4000~4500m，但山峰高可达 6000m 以上。区内既有常年积雪的险峻雪峰，也有较为平缓的山丘。河源至索曲河口以上，河谷宽阔浅切呈宽 U 形，河道曲折多叉支，沿岸沼泽广泛分布；索曲河口至嘉玉桥段河流下蚀作用显著，开始显现 V 形峡谷，水流湍急，险滩分布。中游（嘉五桥至泸水）为横断山区，山高谷深，呈深切 1000~2000m 的 V 形峡谷。该段位于"三江并流"世界自然遗产保护区西部，为著名的怒江大峡谷，河谷狭窄，沿河阶地极少，河道比降大，险滩连布，水流湍急，是怒江最险峻的河段；谷底一般宽 100~150m，最宽处为 150~300m，最窄处仅 60~80m，水面宽 80~120m，河床平均坡降约 3‰，最大坡降为 15‰~20‰；两岸山脉夹江对峙，山坡陡峻，谷坡达 35°~45°，最大可达 60°~70°；左岸有怒山与碧罗雪山，右岸为延绵的高黎贡山，两岸山脉海拔在 4000m 以上，最高峰梅里雪山海拔达 6740m，终年积雪，发育有现代冰川；河段内河道单一，险滩连布，水流湍急。下游（泸水以下）河谷相对开阔，河道海拔520～803m，平均坡降为0.69‰；河道以宽V形与U形谷交替出现，两岸山势降低，海拔一般在2000～3000m，沿河阶地平坝逐渐增多，其中最大的为怒江坝（又名潞江坝），长约50km，宽约10km，但坝子多由一些低矮山丘组成。该段河道比降较小，河床险滩少，水流平缓，但惠通桥至南信河口国界河谷又逐渐缩窄，险滩增多，水流加急。

2.2　气候与水文

　　怒江流域受地形及大气环流影响，气候的区域差异十分明显，"立体气候"特点突出，变化复杂。从上游到下游依次分布有亚寒带至北热带的各种气候带，年平均气温南北相差悬殊，由北向南呈递增趋势，西藏那曲年平均气温为−1.9℃，而云南碧江为9～10℃，泸水为14～15℃，潞西以下为21～25℃。上游地处"世界屋脊"青藏高原，气候高寒，冰雪期长；受印度洋季风和西藏高原冷空气的共同影响，干湿季不分明，每年的2—10月为雨季，多阴雨云雾，雨量由南向北递增。中游为亚热带季风气候，受南北气流夹击，干湿季分明，气候复杂多变。同时，由于山高谷深，气候呈明显的垂直变化，高山积雪寒冷，山腰温凉，河谷炎热，形成"一山分四季，十里不同天"的"立体气候"特点。下游属于典型的季风气候区，温暖湿润多雨，主要受西南季风控制，同时又受东南季风影响，暖湿气流不断输入该区域，水汽充沛，降雨集中。

　　流域内降水地域分异明显，降水总趋势为从西南边缘向东北递减，以西南部迎风坡山区较多，背风坡及河谷地带较少。上游青藏高原地区西南季风较弱，水汽来源不足，年降水量仅400～700mm。中游高山峡谷区降水垂直变化显著，如贡山河谷降水量只有400～500mm，而两岸山坡降水量在600～1000mm以上，全县平均雨量达1638mm。下游西南季风较强，年降水量一般在1500mm以上，但干热河谷区多年平均年降水量仍不足1000mm。如潞江坝干热河谷区，年降水量仅600～700mm。受西南季风进退的影响，流域降水年内分配极不均匀，一般5—10月为雨季，降水量占年降水量的80%以上，11月至次年4月为旱季，降水量不足年降水量的20%。受太阳辐射量、水汽含量、气温、地形等因素综合影响，怒江流域蒸发量呈现出明显的垂直分异规律，河谷地区蒸发量大于山区，总体上呈现出随海拔增加而减小的趋势。根据资料统计，流域内观测到的最大蒸发量发生在六库，年蒸发量在2000mm以上，是年降水量的2倍多；贡山、福贡一带蒸发量较小，年蒸发量在600～800mm；其余地区年蒸发量一般在1000mm左右。从蒸发量年内分配来看，上游最大4个月为5—8月，而怒江中下游六库、保山一带最大4个月为3—6月。

受气候区域分异的影响，流域内水文特征差异明显。上游高寒山区降雨少，但有大量冰川和永久积雪，地表草甸层较厚，渗透作用较强，河川径流主要为冰雪融水和地下水补给，约占年径流量的60%以上。上游因融雪补给影响，2月流量开始加大，形成"桃花汛"，但洪量小于汛期。中游地区上段受北部冷空气和下段亚热带气候的影响，北部两岸高山有积雪，但积雪面积不大，冰雪融水补给量较小，下游段属于亚热带气候区，河川径流以雨水补给为主，约占年径流量的60%。下游地区降水丰富，径流主要依靠降水补给，汛期洪水主要由暴雨形成，多出现在7月、8月，其中8月出现的概率最多，洪水具有山区性河流陡涨陡落的特点，洪峰流量较大。贡山水文站历年实测最大流量为5960m³/s，洪水调查最大洪峰流量达10300m³/s（1952年）；道街坝水文站历年实测最大流量为10400m³/s，洪水调查最大洪峰流量达12700m³/s（1952年）。怒江流域内大部分地区植被良好，河流含沙量较低，是我国含沙量最小的河流之一。输沙年内分配与径流年内分配基本一致，6—8月输沙量占年输沙量的80%以上，12月至次年2月为输沙量低值期，仅占年输沙量的0.3%左右。

2.3 河流水系

怒江水系主要由干流和众多的支流、支沟组成，上游青藏高原段支流呈羽状分布，下游云南段支流左岸发育。流域面积大于100km²的支流有59条，其中大于1000km²的支流有37条，大于5000km²的支流有6条，即下秋曲、索曲、姐曲、玉曲（伟曲）、枯柯河（猛波罗河）、南汀河。其中，索曲发源于唐古拉山南麓，流域面积为1.32万km²，是怒江流域中流域面积最大的支流；玉曲发源于类乌齐南部的瓦合山麓，是怒江流域河流最长、水能资源理论蕴藏量最大的支流；南汀河发源于云南省临沧县凉山西麓，出国界流入缅甸后下行23km汇入怒江，中国境内全长265km。此外，南卡江为另外一条单独出境的支流。

由于水量丰沛且落差大，怒江流域水能资源极为丰富。据统计，怒江流域境内水能资源理论蕴藏量共计46000MW，其中干流总计36407.4MW，约占全流域水能资源总量的79.1%，平均单位河长水能资源为1.8万kW/km；支流共计9592.6MW，约占全流域水能资源总量的20.9%。目前，怒江干流已规划13个梯级电站。汇入怒江的众多小支流虽然河流短、流域面积小，但落差集中，加之有融雪补给，枯期水量比较稳定，适宜兴修中小型水电站。根据2003年水力资源复查成果，支流已建与在建的水电站有55座，总装机容量为31.5万kW。苏帕河为流域内水电开发条件较好的支流，至2005年，已建成有5个梯级的水电站，总装机容量25.3万kW。

2.4 土壤植被

怒江流域大部分位于青藏高原南延部分横断山脉纵谷地带，受各种成土因素综合影响，土壤类型较为复杂。流域土壤呈水平、垂直、区域性分布特点，有机质含量高，钾元素丰富。其中，泸水、福贡、贡山3个县土壤偏酸，兰坪县土壤偏碱。海拔1500m以下的河谷地带，主要为赤红壤、红壤；海拔2000m左右的半山区，主要为黄红壤、黄棕壤；海拔2500～3000m的高山区主要为棕壤、暗棕壤；海拔3000m以上地区，依次为灰棕森林土和高山草甸土。由于土壤质地疏松，土层薄，抗蚀能力弱，蓄水能力差，极易引发水土流失和山体崩塌等自然灾害。据统计，云南省境内流域土壤侵蚀面积为10395.6km²，其中达到强度侵蚀以上面积为778.1km²；1985年8月20日，怒江干流左岸保山市勐古大坪山发生两次崩塌，部分滑体坠落江中，形成2000多万m³的堰塞湖。

由于相对高差大，怒江峡谷地带形成了比较完整的垂直气候带，这对于动植物的生长非常有利，该地区位居我国17个生物多样性保护关键区之首，有"世界物种基因库"之称，在我国生物多样性保护中具有重要价值。怒江流域内有著名的"三江并流"世界自然遗产保护区，高黎贡山和南滚河两个国家级自然保护区，以及怒江、小黑山和永德大雪山3个省级自然保护区。流域内高等植物总数占全国的20%以上，包括200余科、1200余属、6000余种。峡谷区内的珍稀植物资源丰富，属国家级保护的有杉椤、秃杉、贡山厚朴、长蕊木兰、红花木莲、水青树、董棕等20余种，属省级保护的有30多种，珍稀的野生稻是我国重要而珍贵的基因库。流域陆生动物较多，有兽类154种、鸟类419种、两栖类21种、爬行类56种、昆虫1690种，其中有亚洲象、羚羊、雪豹、白眉长猿猴等多种濒危珍稀动物。怒江现有7类48种鱼，其中17种为怒江所特有，角鱼、缺须盆唇鱼、裸腹叶须鱼和长须黑鱼4种鱼类被列入《中国濒危动物红皮书》。

从怒江流域生态现状看，生态系统面临着严重退化的威胁。流域上游为高寒山区，草甸广泛分布，但在气候变化和过度放牧的综合影响下，草甸逐渐退化。20世纪50年代怒江州的森林覆盖率达53%，经过"大跃进"和"文化大革命"时代的砍伐破坏以及近年来毁林开荒，目前怒江两岸海拔1500m以下的原始森林已荡然无存，1500～2000m的植被也破坏严重。根据1999年国土资源详查，仅怒江州的水土流失面积就达3933km²，占该州国土面积的26.2%。怒江流域生态受到破坏的根本原因是当地的土地资源极度匮乏，人口不断增加，国家生态保护补偿政策不到位，使低水平的生产活动仍然对生态系统造成破坏。

2.5 社会经济

怒江流域内经济发展不平衡。上游青藏高原区主要居住着藏族，地方经济以畜牧业为主。中游上段的横断山高山峡谷区气候垂直变化大，无开阔地和集中农业区，地广人稀，交通不便，为多民族聚居的边远地区，经济落后，工业很少，农业生产水平低，为农牧共存的过渡带。区内有大面积以云杉林、冷杉林为主的高山针叶林原始林区，森林覆盖率在 30% 以上，木材积蓄量及森林动植物资源丰富，为我国重要的木材基地。中游下段随着海拔降低，气候由寒温带进入中温带、暖温带，河谷为北亚热带，气候干热少雨，土壤垂直差异十分显著，农耕地集中在河谷开阔地和山间盆地，在保山地区有地形开阔、耕地集中的坝子，如上江坝、潞江坝、保山坝、施甸坝等，坝区日照充足，热量条件好，农作物可一年两熟或三熟，是粮、烟、油、茶的主要产区。保山素有"滇西粮仓"之称，潞江坝的小粒咖啡在国际市场享有盛誉，支流南汀河流域的橡胶种植已具规模。海拔800m 以下的河谷适宜种植双季稻，两岸低山丘陵的阳坡和低山平台适种橡胶，还可以发展多种热带经济林木。干流水量虽然丰富，但田地高而江水低，提水工程运行费用大，水利建设困难，发展灌溉受到限制。

截至 2010 年，怒江流域云南段的贡山县、福贡县、泸水县、云龙县、隆阳区、龙陵县、施甸县、镇康县、永德县总人口为 290.15 万人，聚居着傈僳族、白族、彝族、傣族、苗族、回族、德昂族、佤族、纳西族、怒族、独龙族、普米族、景颇族、基诺族、布朗族、壮族等少数民族，是云南省少数民族最集中的区域。其中，怒江州少数民族人口占总人口的 92.2%，居全国 30 个民族自治州之首（杨旺舟等，2010）。在高山峡谷生活的各个民族，在特殊的自然地理和文化背景下，形成了独特的传统文化和习俗，是世界上罕见的多民族、多语言、多种宗教信仰和风俗习惯并存的地区。由于地处云南省的西部，社会发展滞后，贫困问题突出，文教卫生设施落后，文化水平较低。怒江流域云南段人均生产总值远低于全国和全省平均水平，其中怒江州所辖贡山、福贡、泸水、兰坪 4 县均为国家扶贫开发工作重点县，是一个典型的边疆少数民族贫困地区。

由于自然景观独特，少数民族风情等人文旅游资源也极为丰富，近年来旅游业快速发展，逐渐成为地方经济发展的支柱产业之一。著名的怒江大峡谷、怒江第一湾、石月亮等独特的自然景观，更是显现了自然造化之神奇，具有极高的美学价值。此外，流域内矿产资源丰富，初步查明有一定储量与开采价值的矿床200 多处，主要有煤、铅、锌、银、铜、锡、重晶石等。

第 3 章

怒江流域气候时空分异特征

全球气候系统变暖已成为一种共识。IPCC第四次评估报告表明，最近100年（1906—2005年）全球地表气温呈线性上升趋势，其上升幅度为0.74℃（0.56～0.92℃）；伴随着气候变暖，全球大部分地区降水量和降水模式也发生了明显变化，陆域强降水事件发生频率有所上升（IPCC，2007）。我国境内气候变化与全球变化总体趋势基本一致，但也存在明显差异；近百年来，尤其是近50年来，我国气候变暖趋势明显，年平均地表气温增幅为0.5～0.8℃，略低于同期全球升温幅度；此外，我国气温和降水变化区域分异明显（丁一汇等，2006）。

高海拔高原山地是影响区域和全球气候的重要因素，其气候变化对全球气候变化具有指示性意义（潘保田等，1996；冯松等，1998；Becker A等，2001；吴绍洪等，2005）。青藏高原是全球海拔最高的巨型构造地貌单元，也是亚洲主要大江大河（如黄河、长江、雅鲁藏布江、怒江-萨尔温江和澜沧江-湄公河等）的发源地，其气候变化会对区域乃至全球水文循环和水资源产生重要影响（赖祖铭等，1996；曹建廷等，2005；Immerzeel W W，2010）。以往研究多侧重于高原整体气候演变特征（李潮流等，1996；吴绍洪等，2005；郝振纯等，2006；李林等，2010；林振耀等，2010），而从大流域尺度分析纵向岭谷山地气候变化区域分异特征的研究相对较少。

本章利用怒江流域及其毗邻地区16个气象站的时序观测资料，探讨全球气候变暖背景下该流域气候变化的区域分异特征及突变，为该流域与气候变化相关的资源合理开发利用与管理提供气候变化背景信息。

3.1 资料与方法

3.1.1 气象资料

温度和降水是反映气候变化的两个主要变量。研究选用的怒江流域及其毗邻地区16个气象站的逐月气温（包括平均气温、最高气温和最低气温）和降水量资料来源于国家气象信息中心（http：//www.nmic.gov.cn/）。研究区内，西藏境内气象站海拔均在3000m以上，而云南境内气象站海拔均位于2000m以下（图3.1和表3.1）。

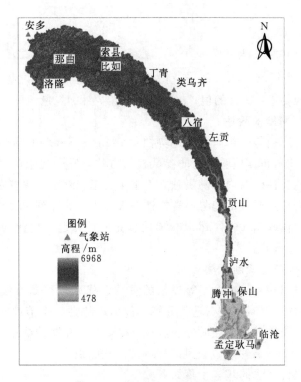

图 3.1　怒江流域气象站分布图

表 3.1　　　　　　　　怒江流域气象站海拔及观测年限

站名	海拔/m	观测年限	站名	海拔/m	观测年限	站名	海拔/m	观测年限
安多	4800	1966—2010 年	类乌齐	3810	1991—2010 年	腾冲	1655	1951—2010 年
那曲	4507	1955—2010 年	八宿	3260	1991—2010 年	临沧	1502	1954—2010 年
洛隆	3640	1992—2010 年	左贡	3780	1978—2010 年	孟定	511	1955—1990 年
索县	4023	1957—2010 年	贡山	1591	1958—2010 年	耿马	1104	1990—2010 年
比如	3940	1991—2010 年	泸水	1805	1957—2002 年			
丁青	3873	1954—2010 年	保山	1654	1951—2010 年			

3.1.2　集中度与集中期

集中度（PCD）指要素按月以向量方式累加，其各分量之和与年总量的比值，反映其在年内的集中程度，集中度越大表示年内分配越不均匀（Markham C G，1970）。集中期（PCP）是指要素向量合成后的方位，用各月分量之和的比值正切角度表示，反映其全年集中的重心所出现的时间（Markham C G，1970；汤奇成等，1982）。

$$PCD = \sqrt{R_x^2 + R_y^2} / R_{year} \tag{3.1}$$

$$PCP = \arctan(R_x/R_y) \tag{3.2}$$

$$R_x = \sum_{i=1}^{12} r_i \sin\theta_i, \quad R_y = \sum_{i=1}^{12} r_i \cos\theta_i, \quad R_{year} = \sum_{i=1}^{12} r_i \tag{3.3}$$

式中：R_{year} 为要素年值；R_x、R_y 分别为要素 12 个月的分量之和所构成的水平、垂直分量；r_i 为要素第 i 月的值；θ_i 为第要素第 i 月的矢量角度；i 为月序。

3.1.3 TFPW–MK 检验法

气候变量时序趋势分析采用无趋势白化 Mann–Kendall 检验法（Yue S 等，2002）。Mann–Kendall 检验法为非参数检验方法，它不要求时序遵循特定的分布，各观测值趋势在时序内可随机独立。由于气温和降水时序往往存在明显的自相关性，可能会导致时序的趋势显著性被夸大。为消除序列中自相关成分对时序趋势值的影响，在 Mann–Kendall 检验前预先使用无趋势白化处理（Yue S 等，2002；樊辉等，2010）。

3.1.4 重复迭代变化诊断方法

变点分析采用 Verbesselt J 等提出的重复迭代变化诊断方法（Verbesselt J 等，2010）。该方法将时序数据迭代分解（包括趋势性、季节性和剩余成分）和变点诊断（包括趋势和季节性成分变点）有机整合，克服传统基于局部加权回归平滑（LOESS）分解方法难以识别时序内部变化的缺陷。

变点诊断迭代算法的基本步骤如下。

（1）估算 $\hat{S}_t$（所有季节子时序的平均值），利用基于普通最小二乘残差的滑动加和（OLS–MOSUM）检验求去季节性时序数据 $Y_t - \hat{S}_t$ 的趋势成分变点数和位置，其中 Y_t 为时间 t 的观测值。

（2）基于 $T_t = \alpha_j + \beta_j t (j=1, \cdots, m)$，利用 M–估计稳健回归方法计算趋势系数 α_j 和 β_j。趋势成分估计值设为 $\hat{T}_t = \hat{\alpha}_j + \hat{\beta}_j t$，其中 $t = t_{j-1}^* + 1, \cdots, t_j^*$。

（3）利用基于普通最小二乘残差的滑动加和（OLS–MOSUM）检验求去趋势时序数据 $Y_t - \hat{T}_t$ 的季节成分变点数和位置。

（4）利用 M–估计稳健回归方法计算季节系数 γ_{ij}，季节性成分估计值设为 $\hat{S}_t = \sum_{i=1}^{s-1} \hat{\gamma}_{ij}(d_{t,i} - d_{t,0})$，其中 $t = t_{j-1}^\# + 1, \cdots, t_j^\#$，当 t 为 i 季节时，$d_{t,i}$ 等于 1；否则，$d_{t,i}$ 等于 0。重复上述 4 个过程，直到趋势和季节变点数量和位置均不再变化。

3.2 气温与降水的区域差异特征

3.2.1 气温空间分布特征

怒江流域年平均气温南北相差悬殊，由北向南呈递增趋势 [图 3.2 (a)]。河源区附近的安多站和那曲站年平均气温在 0℃ 以下，而流域南端的孟定站年平均气温在 20℃ 以上。流域内各站年平均气温地理分异明显。西藏境内各站中，除位于高山河谷的洛隆站和八宿站年平均气温介于 5～12℃ 外，其余站年平均气温均低于5℃；云南境内各站年平均气温在 12℃ 以上，流域南端 3 站（临沧站、孟定站和耿马站）更高，尤以低纬度河谷的孟定站更为突出，其年平均气温高于 21℃。从年际变化来看，流域内各站年平均气温年际波动不是太大，介于 2～4℃，且地域分布差异规律不明显。

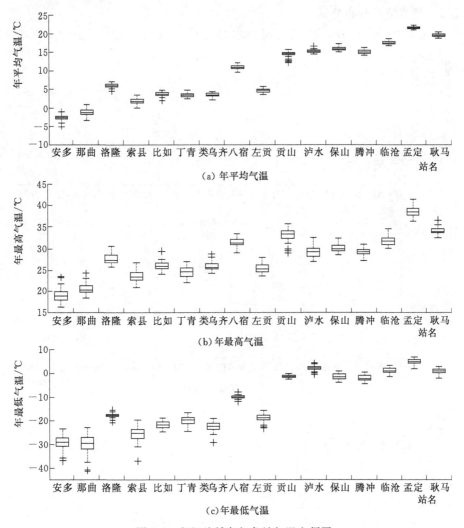

(a) 年平均气温

(b) 年最高气温

(c) 年最低气温

图 3.2　怒江流域各气象站气温盒须图

流域内年最高气温与年最低气温分布格局和年平均气温较为一致，总体表现为南北差异大，由北向南递增［图 3.2（b）、（c）］。除八宿站外，西藏境内各站年最高气温和年最低气温分别在 28℃和－15℃以下，而云南境内各站则分别高于 28℃和－3℃。位于干热河谷的八宿站年最高气温与流域南端临沧站相当，略高于泸水、保山和腾冲等站；而其年最低气温介于－9～－7℃，远低于贡山以下各站。年最高气温和年最低气温的变化幅度均大于年平均气温，分别为 4～7℃和 2～19℃。与年平均气温一样，年最高气温年际变化地域差异规律不明显，而年最低气温年际变化存在一定的地域分异。西藏境内各站年最低气温年际变幅总体上较云南境内各站大，尤以安多、那曲和比如 3 站更为突出。

3.2.2　降水空间分布特征

由图 3.3（a）可知，怒江流域降水分布可大致划分为两大区域，即海拔

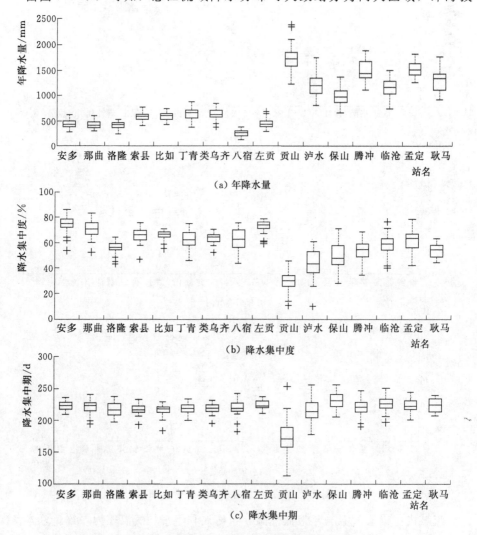

（a）年降水量

（b）降水集中度

（c）降水集中期

图 3.3　怒江流域年降水量、降水集中度和降水集中期盒须图

3000m 以上的西藏境内和海拔 2000m 以下的云南境内。西藏境内各站年降水量仅为 200～700mm，而云南境内各站年降水量则为 850～1850mm。西藏境内各站中，八宿站降水最少，年降水量仅为 200～300mm；其次是安多站、那曲站、洛隆和左贡站，该 4 站的年降水量介于 350～500mm；而索县、比如、丁青和类乌齐 4 站的降水相对较多，年降水量为 500～700mm。云南境内各站中，贡山站降水最多，年降水量为 1550～1850mm，极端年份降水量约达 2400mm；其次是腾冲站和孟定站，两者年降水量为 1350～1700mm；而保山站年降水量最小，仅为 850～1100mm。从年间变幅来看，西藏境内各站年间变化均较小，最大极差值约为 500mm（丁青站），最小极差值仅为 250mm（八宿站）；而云南境内各站年间变化均较大，最大极差值高达 1100mm 以上（贡山站），最小极差值也达 550mm（孟定站）。

怒江流域各站降水年内分配极不一致，且存在明显的地域差异 [图 3.3（b）]。全流域降水集中度介于 10%～86%。其中，贡山站降水集中度最小，其多年中值为 30% 左右；安多站最大，其多年中值高达 75%。西藏境内各站降水集中度多为 50%～80%，站间差异较小；而云南境内各站降水集中度多为 40%～70%，且顺江而下呈递增态势。此外，流域内各站降水集中度的年际波动也非常明显，多数站点年间变化幅度介于 15%～50%。总体来看，西藏境内各站降水集中度年际变化较小，多小于 35%。其中，以比如站最小，仅为 15%。而云南境内各站降水集中度差异较为明显，除耿马站外，其余各站年际变化值均大于 30%。其中，以泸水站最大，高达 50%。从全流域来看，各站降水集中期跨度从 4 月下旬至 9 月中旬 [图 3.3（c）]。除贡山站外，其余各站的降水集中期多出现于 7 月下旬至 8 月下旬。贡山站降水集中期多发生在 6 月上旬至 7 月上旬。各站降水集中期的年际差异也很明显，均在 1 个月以上。其中，以贡山站和泸水站尤为突出，其多年降水集中期时间跨度超过两个半月；而其余各站的多年降水集中期波动范围均在两个月以内。如不考虑异常值，云南境内各站降水集中期波动幅度总体上较西藏境内各站大。

3.2.3 经纬度和海拔对气温和降水区域分异的影响

相关分析表明，该流域气温与降水空间分异特征明显。为定量阐述气候要素与经纬度和海拔的关系，计算它们之间的相关程度。由表 3.2 可知，年平均气温、年最高气温、年最低气温和年降水量与经纬度和海拔均存在极显著相关关系，与经度呈正相关关系，而与纬度和海拔呈负相关关系。各气候要素与海拔的相关程度最为密切，其相关系数高达 −0.99～−0.89。考虑到经度、纬度和海拔三者并不是独立的，而存在相互关联，故采用逐步回归分析对因子进行筛选。分析表明，海拔对年平均气温、年最高气温和年最低气温以及年降水量影响均极显著，经度仅对年最低气温影响极显著，纬度仅对年最高气温影响显著。

表 3.2　　　　　怒江流域气温和降水量与经纬度和海拔的相关分析

项目	年平均气温		年最高气温		年最低气温		年降水量	
	Pearson 相关	逐步回归 F 检验	Pearson 相关	逐步回归 F 检验	Pearson 相关	逐步回归 F 检验	Pearson 相关	逐步回归 F 检验
经度	0.73②	—	0.85②	—	0.92②	②	0.87②	—
纬度	−0.81②	—	−0.81②	①	−0.93②	—	−0.95②	—
海拔	−0.89②	②	−0.90②	②	−0.97②	②	−0.99②	②

① 通过 $\alpha = 0.05$ 置信水平。

② 通过 $\alpha = 0.01$ 置信水平。

3.3　气温与降水变化特征及突变分析

3.3.1　气温变化趋势

由表 3.3 可知，近几十年来，怒江流域增温显著。全流域年平均气温增速为 0.10～0.75℃/10a。西藏境内各站升温趋势更为显著，年平均气温增速为 0.23～0.75℃/10a；而云南境内各站年平均气温增速仅为 0.10～0.28℃/10a。尤以洛隆、比如、类乌齐、八宿 4 站增温最为突出，年平均气温 10 年增幅高达 0.50℃以上，高于其他各站。

流域内增温的季节性差异明显。春季，多数站增温不显著，平均气温上升幅度为 0.07～0.51℃/10a。夏季和秋季，大多数站增温显著或极显著，平均气温升幅均略大于春季，分别为 0.12～0.65℃/10a 和 0.06～0.61℃/10a。冬季，全流域增温最为突出，该季平均气温升幅为全年最高，且均表现为显著或极显著，升温范围为 0.19～1.14℃/10a。尤以洛隆、比如、类乌齐、八宿和耿马各站冬季增温最为明显。

年极端气温总体上也表现为升高趋势。年最高气温以那曲至贡山段上升幅度较大（0.25～0.78℃/10a），尤以洛隆站为最大；而河源区的安多站和贡山以下各站则变化不明显或略有下降。全流域年最低气温上升明显，除河谷区的几个站（洛隆、八宿、贡山、泸水和孟定）外，均呈现显著或极显著上升趋势，升温幅度为 0.30～2.24℃/10a。

3.3.2　降水变化趋势

与全流域的普遍显著升温不同，流域内各站降水量有增有减，且绝大多数站变化不显著（表 3.4）。年降水量变化仅安多、那曲和左贡 3 站呈极显著增加趋势，增幅为 2.04～3.11mm/a，其余各站变化趋势均不显著。从季节分配来看，怒江流域仅春季降水量呈一致性增多，增幅为 0.39～2.89mm/a，且近半数站降水量增加显著或极显著。夏、秋、冬三季全流域除极少数站外降水量变化趋势均

表 3.3　怒江流域气温变化趋势

站名		安多	那曲	洛隆	索县	比如	丁青	类乌齐	八宿	左贡	贡山	泸水	保山	腾冲	临沧	孟定	耿马
平均气温/(℃/10a)	全年	0.36[2]	0.44[2]	0.68[2]	0.29[2]	0.75[2]	0.23[2]	0.66[2]	0.51[2]	0.45[2]	0.10	0.13[2]	0.19[2]	0.25[1]	0.24[2]	0.28[2]	0.14[1]
	春	0.21[1]	0.33[1]	0.51	0.25[1]	0.38	0.16[1]	0.44	0.30	0.36[1]	0.09	0.07	0.17[1]	0.25[1]	0.20[1]	0.07	0.44
	夏	0.23[2]	0.26[2]	0.61[2]	0.21[2]	0.65[1]	0.22[2]	0.61[2]	0.51	0.19	0.12	0.13[2]	0.20[2]	0.14[2]	0.24[2]	0.14[1]	0.20[1]
	秋	0.44[2]	0.46[2]	0.50	0.33[2]	0.61[1]	0.19[2]	0.42[2]	0.40[2]	0.42[2]	0.17	0.16[2]	0.21[2]	0.27[2]	0.24[2]	0.06	0.25[1]
	冬	0.55[2]	0.75[2]	0.94[2]	0.39[1]	1.14[2]	0.33[2]	1.00[2]	0.81[2]	0.62[2]	0.22[2]	0.19[2]	0.21[1]	0.36[2]	0.30[2]	0.24[2]	0.59[2]
年最高气温/(℃/10a)		-0.03	0.25[1]	0.78[2]	0.36[2]	0.37	0.46[2]	0.64	0.69[2]	0.50[2]	0.30	-0.14	0.02	0.59[2]	0.04	-0.22	0.00
年最低气温/(℃/10a)		1.00[2]	1.41[2]	0.67	0.71[1]	2.24[2]	0.52[2]	1.59[2]	0.36	1.00[2]	0.07	0.07	0.30[1]	0.59[2]	0.42[2]	0.30	1.04[2]

① 通过 α=0.05 置信水平。
② 通过 α=0.01 置信水平。

表 3.4　怒江流域降水量变化趋势

站名		安多	那曲	洛隆	索县	比如	丁青	类乌齐	八宿	左贡	贡山	泸水	保山	腾冲	临沧	孟定	耿马
降水量/(mm/a)	全年	2.37[2]	2.04[2]	0.72	7.05	-0.03	-6.64	3.22	0.80	3.11[2]	3.96	1.03	0.87	0.58	1.96	3.21	-8.37
	春	0.75[2]	0.65[2]	1.59	0.69[2]	2.75	0.57	0.40	2.38	1.01[1]	2.89	1.85[2]	1.10[2]	1.48[2]	0.39	1.93	1.06
	夏	0.86	0.60	1.48	-0.50	3.53	-1.37	-3.48	-1.64	1.99	-0.65	-1.84[1]	-1.56	-0.51	-0.87	-2.01	-6.26
	秋	0.50	0.32	-1.05	0.38	0.45	0.60	-0.22	-0.38	-0.01	0.61	1.43	0.34	0.79	0.42	2.54[1]	-4.38
	冬	0.11	0.09	0.20	0.23[2]	-0.29	0.06	-0.26	0.22	0.03	0.15	-0.20	-0.09	0.14	0.14	-0.17	-0.41
PCD/(%/a)		-0.12	-0.11[1]	0.03	-0.14	-0.19[1]	-0.19[1]	0.01	-0.71	-0.17	-0.08	-0.14	-0.01	-0.02	-0.03	-0.10	-0.09
PCP/(d/a)		-0.09	-0.05	-0.10	-0.04	-0.29	0.02	-0.09	-0.91	-0.16	-0.25	0.02	-0.11	-0.08	0.03	0.08	-0.28

① 通过 α=0.05 置信水平。
② 通过 α=0.01 置信水平。

不显著。夏季该流域云南境内段降水量一致性减少，变幅为－6.26～
－0.51mm/a；而秋季却呈现普遍性增加趋势（除耿马站外），变幅为0.42～
2.54mm/a。冬季全流域降水量变化幅度为全年最小。降水集中度与降水集中期
的多年变化趋势也表明，全流域降水量的季节性变化不显著。流域内绝大多数站
降水集中度有所下降，除八宿站（10年下降约7.1%）外，其余站降水集中度
10年下降幅度均不及2%；多数站降水集中期也有所提前，但除八宿站（10年
提前约9d）外，其余站变化幅度均不大，10年提前幅度均不及3d。

3.3.3　气温与降水突变特征

通过对全流域气温和降水逐月时序分析表明，逐月平均气温、最高气温和最
低气温均未出现周期性突变点，仅部分站存在趋势性突变点（表3.5）；所有站
逐月降水时序均未有转折性变化。存在气温突变的各站，其发生转折性变化的具
体时间各异。同一站（如保山和腾冲等站），其平均气温、最高气温和最低气温
突变时间点也极少一致。

表3.5　　　　　　　　　　　怒江流域气温趋势突变时间点

站名	安多	那曲	洛隆	索县	比如	丁青	类乌齐	八宿
平均气温	1997年	—	—	1968年	—	1996年	—	—
最高气温	—	—	—	—	—	—	—	—
最低气温	1997年	—	—	1998年	—	—	—	—
降水量								
站名	左贡	贡山	泸水	保山	腾冲	临沧	孟定	耿马
平均气温	—	1966年	—	1993年	1998年	—	—	2006年
最高气温	—	1975年	—	1993年	1993年	2002年	—	—
最低气温	—	—	—	1989年	1986年	—	—	—
降水量								

3.3.4　经纬度和海拔对气温和降水变化区域分异的影响

气候要素变化趋势与经纬度和海拔的相关分析表明，流域的年平均气温、
年最高气温和年最低气温变化趋势与经纬度和海拔多呈显著相关关系，而年降
水量与经纬度和海拔则不显著相关（表3.6）。从季节变化来看，秋、冬季平
均气温变化与经纬度和海拔相关关系显著或极显著，而春、夏季则多不显著相
关。各季降水量中，仅夏季降水量变化与经纬度和海拔显著相关。气候要素变
化趋势与经度多呈负相关关系，而与纬度和海拔则多呈正相关关系。各气候要
素特征值与经纬度和海拔的逐步回归分析进一步表明，海拔对年平均气温和年
最低气温变化影响显著，而纬度对年最高气温变化影响显著。从年内变化来
看，夏季平均气温变化受纬度影响显著，秋、冬季平均气温变化则受海拔影响

显著，而夏季降水量变化则受经度影响显著。

表 3.6   怒江流域气温和降水变化趋势与经纬度和海拔的相关分析

项目	平均气温					年最高气温	年最低气温	降水量				
	全年	春季	夏季	秋季	冬季			全年	春季	夏季	秋季	冬季
经度	—0.56[①]	—0.41	—0.47	—0.73[②]	—0.57[①]	—0.44	—0.50[①]	—0.16	0.12	—0.56[①]	0.01	—0.32
纬度	0.57[①]	0.38	0.52[①]	0.72[②]	0.59[①]	0.68[②]	0.51[①]	0.21	—0.11	0.52[①]	0.04	0.32
海拔	0.60[①]	0.44	0.48	0.78[②]	0.60[①]	0.60[①]	0.57[①]	0.17	—0.29	0.54[①]	—0.02	0.31

注　浅色阴影为 F 检验显著，深色阴影为 F 检验极显著。
①　通过 $\alpha=0.05$ 置信水平。
②　通过 $\alpha=0.01$ 置信水平。

3.4 讨论

3.4.1 气候要素时空变化与经纬度和海拔的关系

怒江流域南北狭长，从北往南，海拔下降，经度东移，加之流域的高、中山峡谷环境，流域内气候要素变化的地域分异显著。由北向南，年平均气温增幅达 20℃ 以上，年最高气温和年最低气温升幅分别在 20℃ 和 30℃ 以上，降水量也由 500mm 以下增至 1500mm 以上。统计分析进一步表明，各气候要素特征值均受海拔影响极为显著，经度和纬度仅分别对年最低气温和年最高气温有显著影响。这说明研究区内巨大的海拔差异是该区气候要素地域分异明显的主控因素。

海拔和经纬度还是影响流域气候要素变化区域不平衡的重要因素。年平均气温和年最低气温变化幅度与海拔显著相关，而年最高气温变化大小却与纬度显著相关。从各季节平均气温变化来看，夏季变化幅度与纬度显著相关，而秋、冬季变化则与海拔显著相关。这也反映了怒江流域海拔与纬度对气温变化的控制性影响（卢爱刚等，2006），特别是海拔对秋、冬季平均气温变化影响更加强烈（He Y 等，2005）。海拔和经纬度对年降水量变化趋势影响均不显著，仅夏季降水量变化与经度显著相关，这是由高原山地复杂的局部地形因素和大气环流综合作用所决定的（汤懋苍，1985；傅抱璞，1992）。怒江上游属高原气候区，多受高原气流影响；中下游属于典型的季风气候区，主要受西南季风控制，又受东南季风影响（郭敬辉，1985）。加之南北纵向河谷的水汽通道作用等多源因素叠合影响，从而导致降水量变化与地理位置和海拔不显著相关。

尽管全流域年平均气温、年最高气温和年最低气温多呈显著或极显著上升，但只有少数站存在突变点，且出现时间点较为散乱。这说明上述气温因素的转折性变化并非大尺度区域性因子所促成，而更多受制于局域地形的作用。

3.4.2　气候变化与其他区域的对比

在全球变暖的大背景下，怒江流域变暖趋势显著，年平均气温升幅范围为 0.10～0.75℃/10a，均值约为 0.36℃/10a。这与青藏高原气温增幅 0.37℃/10a 相当（李林等，2010），明显高于近 50 年全国 0.16℃/10a 的水平（丁一汇等，2006）。从季节分配来看，怒江流域春、夏、秋、冬四季平均气温升幅分别为 0.26℃/10a、0.29℃/10a、0.32℃/10a 和 0.54℃/10a，与青藏高原四季平均气温变化趋势（分别为 0.25℃/10a、0.26℃/10a、0.38℃/10a 和 0.59℃/10a）（李林等，2010）相比较，春、夏季平均气温增暖幅度略高，而秋、冬季却又明显不及。研究区内冬、秋季增温趋势显著强于春、夏季，这与全国其他地区的增温季节性差异规律相一致（He Y 等，2005；丁一汇等，2008）。此外，流域年最高气温、年最低气温增幅分别为 0.25℃/10a 和 0.77℃/10a，前者比青藏高原年最高气温增幅（0.28℃/10a）略低，而后者却远高于青藏高原 0.51℃/10a 的年最低气温增幅（李林等，2010）。这表明怒江流域气温变化在夜间要较日间明显、冬季较其他季节明显。上述变化趋势均可能与频发的暖冬事件有关。据有关数据表明，1985 年以来怒江流域频繁出现大范围的暖冬（12～16 次），尤其是 2001—2008 年出现连续暖冬，冬季最大温度偏差较常年高出 3.0～4.5℃（杜军等，2009）。

温度的升高使地表蒸散发增强，进而导致降水量增多（IPCC，2007）。在流域气温变暖背景下，虽然年降水量总体有所增多，但除少数站外，流域年降水量和各季降水量变化趋势均不显著。部分站年平均气温、年最高气温和年最低气温增温均显著，但年降水量却呈减少趋势。这表明降水与气温变化趋势并不同步，呈现多元化特征。

怒江流域气候观测站点稀少且分布不均，多数气象站设在河谷低处或坝区，高海拔地区观测站点极少，气候数据匮乏。因此，利用现有站点观测资料，很难全面、准确地反映全流域气候要素的区域差异状况。如能将某一点的实际气候要素值分解为大尺度地理因素、高度因素和局地地形因素等组成部分（汤懋苍，1985；傅抱璞，1992），并由此进一步建立流域气候要素随地理因素和海拔变化的半经验数学模式，可弥补此方面之不足。此外，20 世纪 80 年代以来我国升温更为明显（王遵娅等，2004；郝振纯等，2010），而书中所采用的站点观测时序不一致，特别是始于 20 世纪 90 年代初的短期观测站点的使用，可能也会夸大流域气温变暖幅度。

3.5　小结

（1）怒江流域气温（年平均气温、年最高气温和年最低气温）和降水量由北向南总体呈递增趋势，气候要素特征值地域分异与海拔相关性均极显著（$\alpha=$

0.01），气温特征值和降水量均随海拔升高而降低；而经度和纬度则仅分别对年最低气温和年最高气温地域分异有显著影响。流域降水集中度地域差异明显，高海拔的西藏境内降水集中度较云南境内高，且年际变化小；除贡山站外，流域降水集中期多介于7月下旬至8月下旬。

（2）流域变暖趋势显著，年平均气温增幅为0.36℃/10a；年最高气温显著上升仅出现在高海拔的西藏境内，而云南境内升温和降温兼有，但变化趋势均不显著；年最低气温升高趋势显著，其升幅较年平均气温大，西藏境内较云南境内升温幅度大；气温变化趋势多与纬度和海拔呈显著相关关系，高纬度和高海拔地区气温变化幅度较大；部分站气温变化存在突变点，且多出现于暖冬频发的20世纪80年代以后。

（3）流域年降水量总体有所增多，但变化趋势多不显著，仅安多、那曲和左贡3站降水量极显著增加，增幅为2.04~3.11mm/a，且无明显变点。

第 4 章

怒江流域水沙时空分异特征

　　水文时间序列分析是揭示和认识水文过程变化特性的有效手段和重要途径（桑燕芳，2013）。本章利用怒江干流 3 个水文站和支流南汀河 2 个水文站监测数据，采用数理统计、集中度与集中期、小波分析、Mann-Kendall 检验、R/S 分析等方法，对怒江流域径流与输沙时空分异规律进行系统分析，构建复权马尔可夫链模型对径流与输沙进行短期预测。为揭示纵向岭谷区水文过程的时空分异特征，对自西向东的怒江、澜沧江、红河 3 条跨境河流干流出境控制水文站径流数据进行年际变化及年内分配对比分析。

4.1　资料与方法

4.1.1　水文资料来源

　　怒江流域水沙时空分异特征分析数据来自流域水文观测站，包括贡山、道街坝、木城 3 个干流水文站及支流南汀河姑老河、大湾江水文站实测日径流和悬移质输沙率数据。数据来源水文站分布如图 4.1 所示，各站基本情况及所用资料年限见表 4.1。

表 4.1　　　　　　　怒江流域水文站基本情况及所用资料年限

干支流	站名	海拔/m	控制流域面积/km²	至出境点距离/km	径流资料年限	输沙资料年限
怒江干流	贡山	1420	101146	547	1987—2011 年	2005—2011 年
	道街坝	670	110224	153	1964—2011 年	1964—2011 年
	木城	628	120373	27	2005—2011 年	2005—2011 年
支流南汀河	姑老河	520	4185	63	1965—2011 年	1965—2011 年
	大湾江	500	7986	25	2004—2011 年	2004—2011 年

4.1.2　数理统计法

　　水沙时空分布特征分析采用数理统计法。其中，水沙年内分配特征用不同时段水沙量占全年水沙量的比例和最大日水沙量与年平均水沙量的比值表征，年际水沙的总体变化（波动）程度用变异系数表征，各年水沙的局部变化程度用距平

图 4.1　数据来源水文站分布图

和累积距平表征。

$$C_v = \frac{1}{\overline{x}} \sqrt{\frac{\sum\limits_{i=1}^{n}(x_i - \overline{x})^2}{n-1}} \times 100\%$$

式中：C_v 为变异系数；$\overline{x}$ 为多年平均年径流量或输沙率；x_i 为各年平均径流量或输沙率；n 为径流量或输沙率序列年数。

$$d_i = \frac{x_i - \overline{x}}{\overline{x}} \quad (i = 1, 2, \cdots, n)$$

$$d_t = \sum_{i=1}^{n} d_i$$

式中：d_i 为径流量或输沙率距平；d_t 为径流量或输沙率累积距平。

4.1.3　小波分析法

水沙变化周期分析采用小波分析法。1984 年，法国地质学家 J Morlet 在分析地震波的局部性质时，将小波概念引入到信号分析中，理论物理学家 A

Grossman 和数学家 Y Meyer 等又对小波进行了一系列深入研究，使小波理论有了坚实的数学基础。小波分析被认为是傅里叶分析方法的突破性进展，傅里叶变换可以显示出气候序列不同尺度的相对贡献，而小波变换将一个一维信号在时间和频率两个方向上展开，不仅可以给出序列变化的尺度，还可以显现出变化的时间位置，后者对于预测十分有用。20 世纪 90 年代以来，小波分析作为一种基本数学手段，在众多领域都得到了较好的应用。

若函数 $\Psi(t)$ 满足下列条件的任意函数：

$$\int_R \Psi(t)\mathrm{d}t = 0, \quad \int_R \frac{|\hat{\Psi}(w)|^2}{|w|}\mathrm{d}w < \infty$$

其中，$\hat{\Psi}(w)$ 是 $\Psi(t)$ 的频谱。令

$$\Psi_{a,b}(t) = |a|^{-1/2}\Psi[(t-b)/a]$$

为连续小波，Ψ 称为基本小波或母小波，是双窗函数，一个是时间窗，一个是频率谱。$\Psi_{a,b}(t)$ 的振荡随 $1/|a|$ 增大而增大。因此，a 是频率参数，b 是时间参数，表示波动在时间上的平移。函数 $f(t)$ 小波变换的连续形式为

$$w_f(a,b) = |a|^{\frac{1}{2}}\int_R f(t)\,\overline{y}\left(\frac{t-b}{a}\right)\mathrm{d}t$$

小波变换函数是通过对母小波的伸缩和平移得到的。小波变换的离散形式为

$$w_f(a,b) = |a|^{\frac{1}{2}}\Delta t \sum_{i=1}^{n} f(i\Delta t)y\left(\frac{i\Delta t - b}{a}\right)$$

式中：Δt 为取样间隔；n 为样本量。

离散化的小波变换构成标准正交系，从而扩充了实际应用的领域。

离散表达式的小波变换计算步骤如下。

（1）根据研究问题的时间尺度确定出频率参数 a 的初值和 a 增长的时间间隔。

（2）选定并计算母小波函数，一般选用常用的 Mexican－hat 小波函数。

（3）将确定的频率 a、研究对象序列 $f(t)$ 及母小波函数 $w_f(a,b)$ 代入上式，计算得到小波变换 $w_f(a,b)$。

4.1.4　Mann－Kendall 检验法

水沙时序趋势及突变分析采用 Mann－Kendall 检验法。Mann－Kendall 检验法是一种关于观测值序列的非参数统计检验方法，在对时间序列进行检验时，不仅可判断时间序列中上升或下降趋势的显著性，而且同时可判断时间序列是否存在突变并标出突变开始的时间。其原理与计算方法如下。

对于具有 n 个样本量的时间序列，构造一秩序列：

$$S_k = \sum_{i=1}^{k} r_i \quad (k = 2, 3, \cdots, n)$$

其中，当 $1 \leqslant j \leqslant i$，$x_i > x_j$ 时，$r_i = 1$，否则 $r_i = 0$。

在时间序列随机独立的假设下，定义统计量：

$$UF_k = \frac{|S_k - E(S_k)|}{\sqrt{Var(S_k)}} \quad (k = 1, 2, \cdots, n)$$

其中，$UF_1 = 0$，$E(S_k)$、$Var(S_k)$ 分别是累计数 S_k 的均值和方差，在 x_1，x_2，$\cdots$，x_n 相互独立且具有相同连续分布时，可由以下算式分别求出：

$$E(S_k) = \frac{n(n-1)}{4}$$

$$Var(S_k) = \frac{n(n-1)(2n+5)}{72}$$

UF_k 是按时间序列 x 顺序在 x_1，x_2，$\cdots$，x_n 计算出的统计量序列，在给定显著性水平 α 下，于正态分布表中查出临界值 $U_{\alpha/2}$，若 $|UF_k| > U_{\alpha/2}$，则表示趋势显著，反之则表示不显著。按时间序列 x 逆序 x_n，x_{n-1}，$\cdots$，x_1，再重复上述过程，同时使 $UB_k = -UF_k (k = n, n-1, \cdots, 1, UB_1 = 0)$。分析绘出 UF_k 或 UB_k 曲线图，若 UF_k 或 UB_k 的值大于 0，表明序列呈上升趋势，反之，序列呈下降趋势。当 UB_k 或 UB_k 超过临界值时，表明上升或下降趋势显著。超过临界线的范围确定为出现突变的时间区域。如果 UF_k 和 UB_k 两条曲线出现交点，并且交点在临界线之间，则交点对应的时刻便是突变的开始时间。

4.1.5 R/S 分析法

水沙趋势变化分析采用 R/S 分析法（重新标度极差分析法）。R/S 分析法通过 Hurst 指数 $H(0 < H < 1)$ 对时间序列趋势变化进行判断。其原理与计算方法如下。

对时间序列 $k(t), t = 1, 2\cdots$，对于任意正整数 $j \geqslant t \geqslant 1$，定义均值序列：

$$k_j = \frac{1}{j} \sum_{t=1}^{j} k(t)$$

累积离差：

$$X(t, j) = \sum_{u=1}^{t} [k(u) - k_j]$$

极差：

$$R(j) = \max X(t, j) - \min X(t, j)$$

标准差：

$$S(j) = \left\{ \frac{1}{j} \sum_{t=1}^{j} \left[k(t) - k_j \right]^2 \right\}^{\frac{1}{2}}$$

将 $[\ln j, \ln(R/S)]$ 用最小二乘法拟合，所得拟合直线的斜率即为 H 值。当 $H = 0.5$ 时，表明序列完全独立，即序列是一个随机过程；当 $H < 0.5$ 时，表明未来变化状况与过去相反，即反持续性，H 越小，反持续性越强；当 $H > 0.5$ 时，表明未来变化状况与过去一致，即有持续性，H 越接近 1，持续性越强。

4.2 流域水沙时空分异特征分析

4.2.1 水沙空间特征与年际变化

为便于怒江流域水沙空间对比分析，将各站径流量和悬移质输沙特征均按2005—2011 年时间段进行统计。

由表 4.2 可知，怒江干流出境代表站木城站平均径流量约为支流南汀河出境代表站大湾江站的 10.5 倍，但支流南汀河大湾江站平均径流模数是干流木城站的 1.4 倍；干流和支流南汀河径流模数均呈从上游到下游逐步上升的趋势。支流南汀河径流年际变异系数大于干流，其年际变异系数均呈从上游到下游逐步下降的趋势。

表 4.2　　　　　2005—2011 年怒江流域平均径流量时空分布特征统计

干支流	站名	径　流　量			径流年内分配			
		径流量 /(m³/s)	径流模数 /[万 m³/(km²·a)]	变异系数 /%	汛期径流量比例 /%	主汛期径流量比例 /%	最大月径流量比例 /%	最大日径流量与日平均径流量的比值
怒江干流	贡山	1215.7	37.90	11.80	83.96	53.61	21.72	3.53
	道街坝	1657.8	47.45	11.57	80.57	50.00	20.25	3.53
	木城	1808.6	47.38	10.40	79.75	48.90	19.63	3.28
支流南汀河	姑老河	80.4	60.61	19.65	72.35	38.12	19.94	6.42
	大湾江	172.9	68.26	16.54	74.14	42.41	19.97	5.97

怒江干流和支流南汀河径流年内分配极不均匀，各站汛期（5—10 月）、主汛期（6—8 月）、最大月径流量占全年径流总量的比例分别为 72.35% ～83.96%、38.12% ～53.61%、19.63% ～21.72%。在月以上时间尺度，干流径流集中程度高于支流南汀河，干流从上游到下游径流集中程度逐渐降低，而支流南汀河则相反。各站最大日径流量与日平均径流量的比值在 3.28 ～6.42，在日时间尺度，干流径流集中程度低于支流南汀河。

　　由表 4.3 可知，怒江干流出境代表站木城站平均悬移质输沙率约为支流南汀河出境代表站大湾江站的 3.3 倍，但支流南汀河大湾江站平均含沙量和输沙模数分别是干流木城站的 3 倍和 4.5 倍；支流南汀河姑老河站平均含沙量和输沙模数最大，干流贡山站平均含沙量和输沙模数最小。支流南汀河悬移质输沙率年际变异系数约为干流的 2 倍，最大的姑老河站约为最小的木城站的 3 倍，悬移质输沙率年际变异系数呈现出随控制面积增大而减小的规律。干流出境代表站木城站悬移质输沙率小于中下游的道街坝站，贡山站至道街坝站区间和道街坝站至木城站区间河道平均比降分别为 1.90‰和 0.33‰，部分泥沙淤积在区间河床可能是造成木城站悬移质输沙率比道街坝站小的原因之一，具体尚需进一步研究证实。

表 4.3　　2005—2011 年怒江流域平均悬移质输沙时空分布特征统计

干支流	站名	输沙量				输沙年内分配			
		输沙率 /(kg/s)	含沙量 /(kg/m³)	输沙模数 /[t/(km²·a)]	变异系数 /%	汛期输沙量比例 /%	主汛期输沙量比例 /%	最大月输沙量比例 /%	最大日输沙量与日平均输沙量的比值
怒江干流	贡山	624	0.51	194.56	29.7	97.97	76.46	39.98	13.60
	道街坝	1288	0.77	368.51	25.8	94.55	70.11	37.32	11.01
	木城	1120	0.62	293.42	17.1	96.38	70.30	35.15	11.73
支流南汀河	姑老河	239	2.87	1800.98	50.9	94.79	61.28	34.30	24.50
	大湾江	335	1.88	1322.89	41.8	91.54	56.88	29.52	19.26

　　怒江干流和支流南汀河悬移质输沙年内分配极不均匀，且不均匀程度明显高于径流。各站汛期（5—10 月）、主汛期（6—8 月）、最大月悬移质输沙量占全年悬移质输沙总量的比例分别为 91.54%～97.97%、56.88%～76.46%、29.52%～39.98%，贡山站悬移质输沙集中程度最高，大湾江站最低，干流总体上高于支流南汀河。各站最大日输沙量与日平均输沙量的比值在 11.01～24.50，姑老河站最高，道街坝站最低，干流总体上低于支流南汀河。

　　由此来看，干流悬移质输沙集中程度在月以上时间尺度高于支流南汀河，而在日时间尺度低于支流南汀河。由于贡山站、木城站、大湾江站悬移质输沙序列较短不具有代表性，故选取数据序列达 48 年的干流道街坝站和数据序列达 47 年的支流南汀河姑老河站数据进行径流与悬移质输沙时序特征分析。由图 4.2～图 4.5 可知，干流道街坝站径流与悬移质输沙变化过程基本一致，即距平在 20 世纪 80 年代中期之前总体呈负值，之后总体呈正值，上升趋势明显；支流南汀河姑老河站径流总体呈波动减少趋势，特别是近 10 年来减少速度较快，悬移质输沙距平在 20 世纪 80 年代中期之前总体呈负值，之后总体呈正值，与干流悬移质输沙变化过程基本一致。干流道街坝站和支流南汀河姑老河站径流距平总体上远小于悬移质输沙距平，表明怒江流域悬移质输沙序列总体变幅更大；干流道街坝站径流与悬移质输沙变化过程基本一致，而支流南汀河姑老河站径流与悬移质输沙变化过程差异较大，其水沙关系更为复杂。

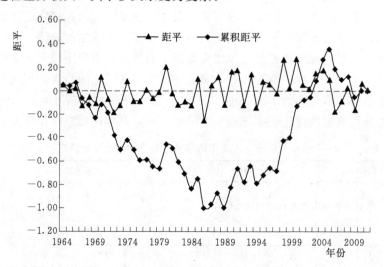

图 4.2　干流道街坝站年平均径流量变化过程

图 4.3　干流道街坝站年平均悬移质输沙率变化过程

4.2.2　水沙年内分配分析

利用集中度与集中期进行径流与悬移质输沙年内分配分析。由表 4.4 可知，怒江干流 3 站径流年内分配多年平均集中度在 0.5 左右，悬移质输沙年内分配多年平均集中度在 0.8 左右，悬移质输沙年内分配集中度明显高于径流，其原因是

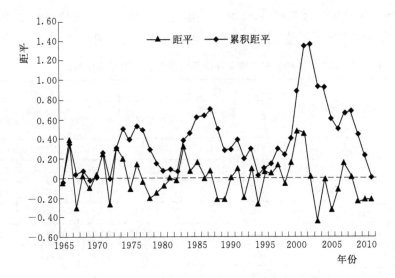

图 4.4 支流南汀河姑老河站年平均径流量变化过程

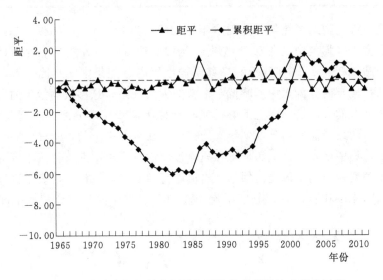

图 4.5 支流南汀河姑老河站年平均悬移质输沙率变化过程

非汛期河流基流补给比例高，含沙量很低，从而导致悬移质输沙高度集中于汛期。从 3 站 2005—2011 年径流和悬移质输沙年内分配集中度对比来看，上游的贡山站均高于下游的道街坝站和木城站，呈现出从上游到下游递减的趋势，其原因主要是怒江流域云南段主要受西南季风控制，西南季风进退使得下游雨季较上游开始时间早，结束时间晚，降水相对更为均匀所致。干流 3 站径流和悬移质输沙年内分配多年平均集中期差异很小，均分布在 7 月中旬，而流域降水集中期在

7月下旬至8月下旬（樊辉等，2012），径流和悬移质输沙年内分配集中期较降水稍有提前的主要原因是受到上游春末夏初桃花汛的影响。

表 4.4　　　怒江流域径流和悬移质输沙年内分配集中度与集中期统计

干支流	站名	统计年限	径流			悬移质输沙		
			集中度	集中期方向/(°)	集中期时间	集中度	集中期方向/(°)	集中期时间
怒江干流	贡山	1987—2011年	0.532	196.9	7月19日			
		2005—2011年	0.528	196.2	7月18日	0.830	190.6	7月12日
	道街坝	1964—2011年	0.500	194.6	7月16日	0.810	192.8	7月14日
		2005—2011年	0.480	195.0	7月17日	0.772	192.0	7月14日
	木城	2005—2011年	0.466	197.3	7月19日	0.775	198.3	7月20日
支流南汀河	姑老河	1965—2011年	0.461	235.1	8月26日	0.745	214.5	8月5日
		2005—2011年	0.448	235.0	8月26日	0.771	214.6	8月6日
	大湾江	2005—2011年	0.457	228.1	8月19日	0.726	217.6	8月9日

　　支流南汀河两站径流年内分配多年平均集中度均在0.46左右，悬移质输沙年内分配多年平均集中度在0.75左右，悬移质输沙年内分配集中度明显高于径流。从两站2005—2011年径流和悬移质输沙年内分配集中度对比来看，上游的姑老河站径流年内分配集中度略低于下游的大湾江站，悬移质输沙年内分配集中度略高于下游的大湾江站，上下游径流和悬移质输沙年内分配集中度差异较小。支流南汀河两站径流年内分配多年平均集中期在8月中下旬，悬移质输沙年内分配多年平均集中期在8月上旬，悬移质输沙年内分配集中期较径流稍有提前。

　　利用序列较长的干流道街坝站和支流南汀河姑老河站作为代表站进行趋势分析表明（图4.6和图4.7）：怒江干流径流和悬移质输沙年内分配集中度变化趋

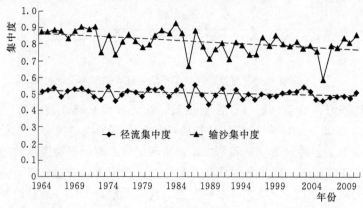

图 4.6　干流道街坝站径流和悬移质输沙年内分配集中度变化

势基本一致，均呈波动下降趋势，即年内分配趋于更加均匀，且悬移质输沙年内分配集中度下降趋势更为明显。支流南汀河径流和悬移质输沙年内分配集中度变化趋势不明显。

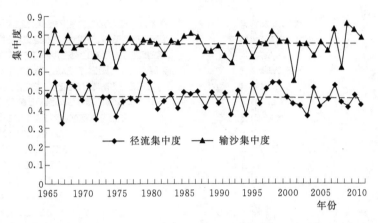

图 4.7 支流南汀河姑老河站径流和悬移质输沙年内分配集中度变化

4.2.3 水沙周期分析

选取序列较长的干流道街坝站和支流南汀河姑老河站进行径流和悬移质输沙小波分析，结果表明（图 4.8～图 4.11）：怒江干流道街坝站径流与输沙最明显的周期均为 30 年左右，但输沙的变化周期更明显；径流长周期中存在明显的 2年左右的短期波动，但输沙长周期中的短期波动不明显。支流南汀河姑老河站径流变化周期为 10 年左右，但不明显，输沙变化周期为 28 年左右且较明显；径流长周期中存在明显的 2 年左右的短期波动，但输沙长周期中的短期波动不明显，这与干流道街坝站一致。干流道街坝站径流长周期为支流南汀河姑老河站的 3倍，但短期变化基本一致，由于径流主要受气候变化，特别是降水的影响，表明干流气候变化的周期比支流南汀河更长，但气候短期变化基本一致。西南季风沿下游往上逐渐减弱可能是造成干流和支流南汀河径流变化周期差异的主要原因。由于输沙变化主要受控于降水与人类活动（特别是土地利用），因此，干流道街坝站输沙长周期与支流南汀河姑老河站基本一致，表明干流与支流南汀河土地利用变化对河流输沙的影响趋势基本一致。

4.2.4 水沙突变分析

选取序列较长的干流道街坝站和支流南汀河姑老河站进行径流和悬移质输沙突变分析，结果表明（图 4.12～图 4.15）：怒江干流道街坝站径流和输沙总体呈上升趋势，但径流的 UF 曲线与 UB 曲线在统计时间序列内未超过信度 $\alpha = 0.01$临界值线，表明上升趋势不显著，未发生突变；输沙 UF 曲线在 1993 年超过信度 $\alpha = 0.01$ 临界值线，表明上升趋势明显，UF 曲线与 UB 曲线在 1987 年相交，

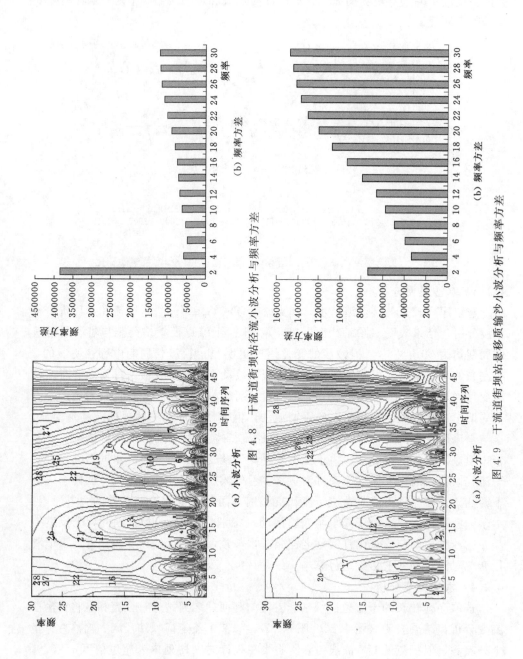

图 4.8　干流道街坝站径流小波分析与频率方差

图 4.9　干流道街坝站悬移质输沙小波分析与频率方差

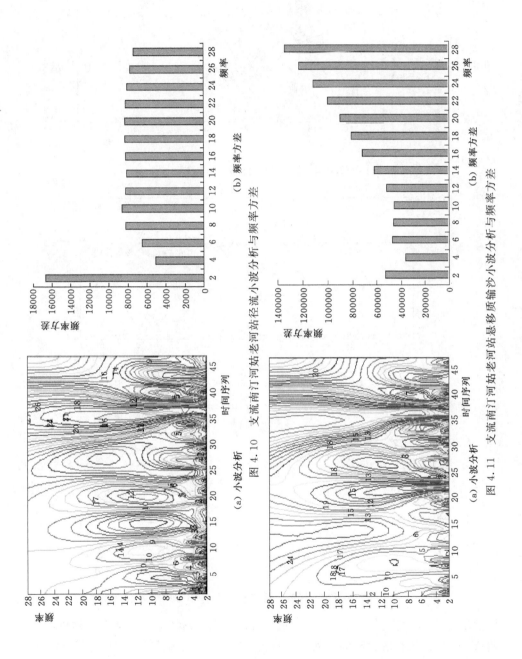

图 4.10 支流南汀河姑老河站径流小波分析与频率方差

(a) 小波分析

(b) 频率方差

图 4.11 支流南汀河姑老河站悬移质输沙小波分析与频率方差

(a) 小波分析

(b) 频率方差

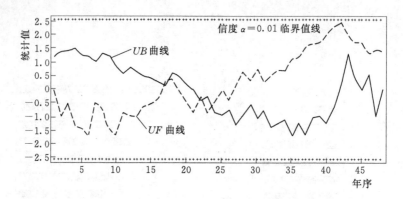

图 4.12　干流道街坝站径流 Mann－Kendall 检验 UF－UB 曲线

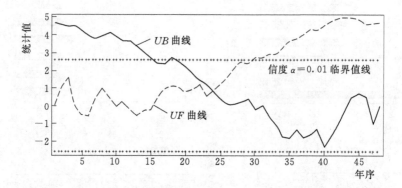

图 4.13　干流道街坝站悬移质输沙 Mann－Kendall 检验 UF－UB 曲线

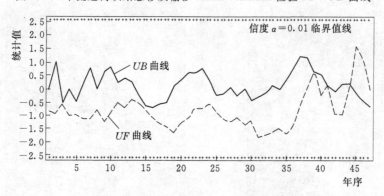

图 4.14　支流南汀河姑老河站径流 Mann－Kendall 检验 UF－UB 曲线

即输沙在 1987 年开始发生突变。支流南汀河姑老河站径流总体呈下降趋势，UF 曲线与 UB 曲线在统计时间序列内未超过信度 α＝0.01 临界值线，表明下降趋势不显著，未发生突变；输沙呈上升趋势，且 UB 曲线在 1994 年超过信度 α＝0.01 临界值线，表明上升趋势明显，UF 曲线与 UB 曲线在 1980 年相交，即 1980 年

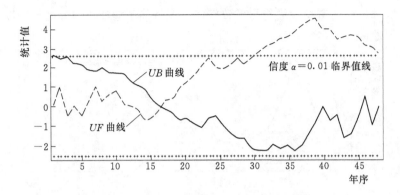

图 4.15　支流南汀河姑老河站悬移质输沙 Mann - Kendall 检验 UF - UB 曲线

开始发生突变。由于径流主要受降水的影响，流域降水未发生突变（樊辉等，2012），因此流域径流也未发生突变，而干流中下游保山市森林覆盖率下降（冯彦等，2008），以及支流南汀河流域生态服务功能整体下降（樊基昌，2012），可能是导致流域输沙发生突变的主要原因。

　　怒江流域径流和悬移质输沙年内分配集中度 Mann - Kendall 检验结果表明（图 4.16～图 4.19）：怒江干流道街坝站径流和悬移质输沙年内分配集中度均呈下降趋势，但径流年内分配集中度的 UF 曲线与 UB 曲线在统计时间序列内未超过信度 α = 0.01 临界值线，表明下降趋势不显著，未发生突变；悬移质输沙年内分配集中度的 UB 曲线在 1995 年超过信度 α = 0.01 临界值线，表明上升趋势明显，UF 曲线与 UB 曲线在 1977 年相交，即悬移质输沙在 1977 年开始发生突变。支流南汀河姑老河站径流和悬移质输沙年内分配集中度分别呈上升和下降趋势，但由于径流和悬移质输沙 UF 曲线与 UB 曲线在统计时间序列内未超过信度 α = 0.01 临界值线，表明变化趋势不显著，未发生突变。在降水年内分配未发生突变的情况下（樊辉等，2012），土地利用/覆被变化（Feng Yan 等，2010；邹秀

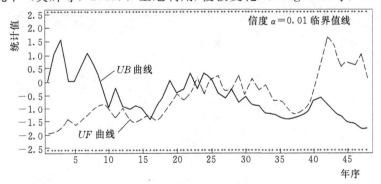

图 4.16　干流道街坝站径流年内分配集中度 Mann - Kendall
检验 UF - UB 曲线

萍等，2005）和河道挖沙可能是导致怒江干流悬移质输沙年内分配集中度发生突变的主要原因。

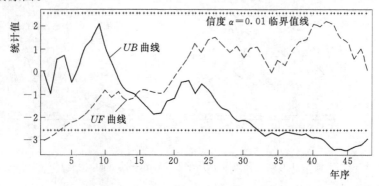

图 4.17　干流道街坝站悬移质输沙年内分配集中度 Mann - Kendall
检验 $UF - UB$ 曲线

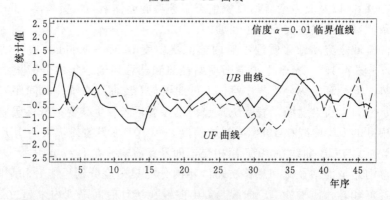

图 4.18　支流南汀河姑老河站径流年内分配集中度 Mann - Kendall
检验 $UF - UB$ 曲线

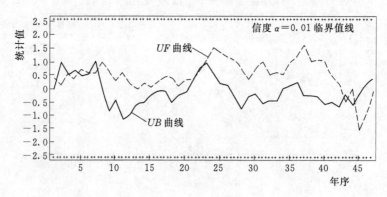

图 4.19　支流南汀河姑老河站悬移质输沙年内分配集中度 Mann - Kendall
检验 $UF - UB$ 曲线

4.2.5　水沙未来趋势变化分析

怒江流域径流和悬移质输沙 R/S 分析结果表明（图 4.20 和图 4.21）：干流道街坝站径流和悬移质输沙的 H 值分别为 0.80、0.92，均大于 0.5，表明其未来趋势与过去一致，即仍将延续上升的趋势，且趋势性较强；悬移质输沙的 H 值更接近于 1，表明其持续趋势性更强。支流南汀河姑老河站径流和悬移质输沙的 H 值分别为 0.55、0.87，均大于 0.5，表明其未来趋势与过去一致，即径流仍将延续下降的趋势，悬移质输沙仍将延续上升的趋势；径流的 H 值接近于 0.5，表明其持续趋势性很弱，具有很大的随机性，悬移质输沙的 H 值更接近于 1，表明其持续趋势性更强。流域悬移质输沙未来呈现出很强的增加趋势，表明流域水土流失仍将继续加剧，生态环境将持续恶化。

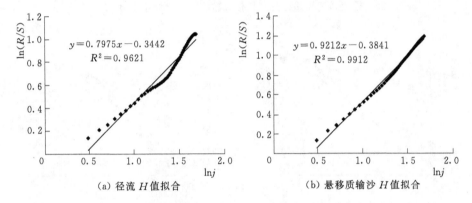

图 4.20　干流道街坝站年平均径流与悬移质输沙 H 值拟合

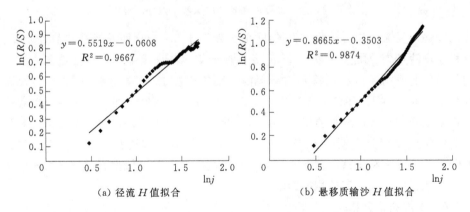

图 4.21　支流南汀河姑老河站年平均径流与悬移质输沙 H 值拟合

怒江流域径流和悬移质输沙年内分配集中度 R/S 分析结果表明（图 4.22 和图 4.23）：干流道街坝站径流和悬移质输沙年内分配集中度的 H 值分别为 0.64、0.83，均大于 0.5，表明其年内分配集中度未来趋势与过去一致，即仍将延续下

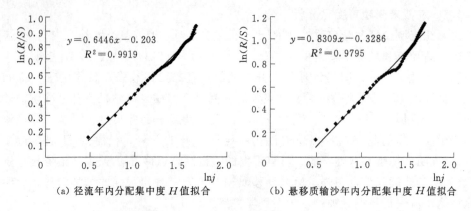

(a) 径流年内分配集中度 H 值拟合　　　(b) 悬移质输沙年内分配集中度 H 值拟合

图 4.22　干流道街坝站径流和悬移质输沙年内分配集中度 H 值拟合

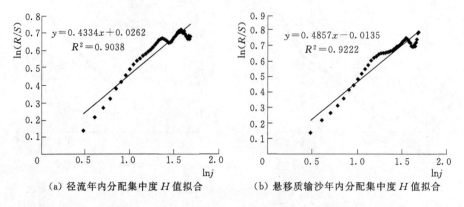

(a) 径流年内分配集中度 H 值拟合　　　(b) 悬移质输沙年内分配集中度 H 值拟合

图 4.23　支流南汀河姑老河站径流和悬移质输沙年内分配集中度 H 值拟合

降的趋势；径流年内分配集中度的 H 值更接近于 0.5，表明其持续趋势性较弱，悬移质输沙年内分配集中度的 H 值更接近于 1，表明其持续趋势性更强。支流南汀河姑老河站径流和悬移质输沙年内分配集中度的 H 值分别为 0.43、0.49，均小于 0.5，表明其年内分配集中度未来趋势与过去相反，即径流年内分配集中度将呈上升的趋势，悬移质输沙年内分配集中度将呈下降的趋势，但径流和悬移质输沙年内分配集中度的 H 值接近于 0.5，表明其持续趋势性很弱，具有很大的随机性。径流和悬移质输沙年内分配集中度降低将对流域生态健康、水资源与水电能源利用产生一定的积极影响。

4.2.6　水沙关系分析

通常情况下，河流悬移质输沙与径流的关系密切。分析结果表明（表 4.5），除贡山站外，其他 4 站各时段悬移质输沙与径流的相关性均显著，且越往下游越显著。沿怒江而上，季风影响逐渐减弱，高原局地气候影响逐渐增强，贡山站以上河流冰雪融水补给比例逐渐增大，降雨与冰雪融水共同补给可能是导致贡山站水沙关系更为复杂的主要原因。

表 4.5   怒江流域悬移质输沙与径流相关分析

站名	年总量	汛期 (5—10月)	主汛期 (6—8月)	输沙最大月	输沙最大日
贡山	0.42	0.46	0.65	0.63	0.59
道街坝	0.70①	0.69①	0.66①	0.61①	0.79①
木城	0.88①	0.86①	0.87①	0.92①	0.91①
姑老河	0.62①	0.61①	0.51①	0.41①	0.48①
大湾江	0.90①	0.89①	0.81①	0.84①	0.92①

注 各站径流和悬移质输沙相关分析资料年限见表 4.1。
① 通过 $\alpha=0.01$ 置信水平。

4.3 基于复权马尔可夫链的怒江水沙短期预测

马尔可夫链是俄罗斯数学家马尔可夫于 1906—1912 年间提出的一种随机事件预测的重要方法，在教育、经济、生物、农业、灾害、水文气象、环境预测等众多领域得到了广泛应用。尤其在水文气象预测中，马尔可夫链预测方法应用非常广泛，并在应用过程中不断得以改进，加权马尔可夫链（冯耀龙等，1999；孙才志等，2003；夏乐天，2005，2006；赵琳琳等，2007；彭勇，2007；王涛等，2010；王亚雄等，2011；潘刚等，2011；陈昌春，2013；张和喜，2013；贺娟等，2015）、灰色马尔可夫链（赵琳琳，2007；赵雪花，2008；赵玲萍，2010；祝彦知，2011；张蕊，2012）、叠加马尔可夫链（沈永梅等，2006）、时间序列-马尔可夫模型（钱家忠等，2001）、基于多重转移概率的马尔可夫模型（鲁帆等，2010）均取得了较好的预测精度。夏乐天等（2005，2010）系统研究了各种马尔可夫链预测方法在水文预测中的应用，并对比了 3 种常用方法的优劣，认为加权马尔可夫链预测方法精度最高。这些研究为马尔可夫链预测方法的应用和发展起到了积极作用，但这些改进方法仍然没有超出对随机事件状态预测的范畴。因此，如何根据马尔可夫链预测状态概率分布得到预测值仍然有待解决（夏乐天，2006）。本书在加权马尔可夫链预测方法的基础上，进一步以状态预测概率为权重，结合状态平均值进行加权求和，实现了马尔可夫链预测方法从状态预测到数值预测的关键性改进，并通过怒江水沙预测实例对复权马尔可夫链预测方法的数值预测精度进行验证。

4.3.1 复权马尔可夫链预测方法

马尔可夫链通过统计随机事件过去一定时期内的状态转移概率来预测将来状态变化的概率，其中时间参数集 $T=\{0,1,2\cdots\}$ 及状态参数集 $E=\{0,1,2\cdots\}$ 称

为马尔可夫链。在实际应用中，一般采用齐次马尔可夫链，即对任意参数 u, k $\in T$，有

$$P_{ij}(u,k) \in E$$

式中：$P_{ij}(u,k)$ 表示随机事件 u 时段所处的状态 i，经过 k 步状态转移后变为状态 j 的概率。

传统齐次马尔可夫链的状态转移步长一般取 1，即利用初始分布推算未来状态的绝对分布，没有考虑各种步长马尔可夫链的绝对分布在预测中所起的作用。为弥补这一缺陷，一些学者将各种步长马尔可夫链求得的状态绝对分布叠加起来进行状态预测，但在叠加过程中没有考虑各种步长在权重上的差异。因此，利用各种步长自相关性的强弱确定不同步长权重的加权马尔可夫链进行状态预测更符合实际。但由于加权马尔可夫链得到的预测结果仍然是状态，在实际应用中受到一定的限制。复权马尔可夫链在加权马尔可夫链的基础上，进一步以各状态的预测概率为权重，结合其对应状态均值进行加权求和，从而实现从状态预测到数值预测的跨越。

4.3.2 复权马尔可夫链预测方法步骤

复权马尔可夫链预测方法的具体步骤如下。

（1）判断对象序列是否是随机变量。传统马尔可夫链认为序列必须通过马尔可夫性检验才能适用于马尔可夫链，但实际上序列是否通过马尔可夫性检验与状态分级标准有直接关系。因此，本书认为只要分析对象是不受人为控制的随机变量，就适用于马尔可夫链。

（2）建立序列分级标准，即确定马尔可夫链的状态空间。常用的状态分级方法有聚类分析法、样本均值-标准差分级法、频率曲线法等。水文分析中常用 P-Ⅲ 型频率曲线法来确定丰枯状态，且为使样本序列具有代表性，一般要求样本序列不少于 30 年。

（3）根据建立的分级标准，确定资料序列对应的状态。

（4）计算各阶自相关系数。计算公式为

$$r_k = \sum_{l=1}^{n-k}(x_l - \overline{x})(x_{l+k} - \overline{x}) / \sum_{l=1}^{n}(x_l - \overline{x})^2$$

式中：r_k 为第 k 阶自相关系数；x_l 为序列中第 l 个值；$\overline{x}$ 为序列的均值；n 为序列长度。

（5）将各阶自相关系数规范化。计算公式为

$$w_k = |r_k| / \sum_{k=1}^{m}|r_k|$$

式中：w_k 为规范化后的各阶自相关系数，即各种滞时（步长）的马尔可夫链的权重；m 为按预测需要计算到的最大阶数。

（6）统计序列对应的状态，得到不同滞时的马尔可夫链的转移概率矩阵。

（7）以各种滞时为初始状态，结合相应的转移概率矩阵即可预测其状态概率 P_i^k。

（8）将同一状态的各预测概率加权求和作为该状态的预测概率，即

$$P_i = \sum_{k=1}^{m} w_k P_i^k$$

（9）以各状态的预测概率 P_i 为权重，与其对应状态的均值 $\overline{x}_i$ 加权求和，得到预测值 d，即

$$d = \sum P_i \overline{x}_i$$

将预测值加入原序列，再重复步骤（1）～（9），即可进行下一步的数值预测。

4.3.3 怒江水沙短期预测

怒江流域属峡谷地形，南北跨度大，独特的地理环境和气候条件使其成为全球生物多样性最突出的地区之一，怒江也蕴藏了极为丰富的水能资源。但由于多种原因，怒江干流水电开发一直未能实施，其水文过程至今没有受到水利工程等人类活动的控制。本书以怒江干流道街坝水文站 1957—2012 年径流和 1964—2012 年悬移质输沙序列为数据基础，并将 1957—2010 年径流和 1964—2010 年悬移质输沙序列作为预测方法的分析期，将 2011 年和 2012 年径流和悬移质输沙作为预测方法的验证期，以说明复权马尔可夫链预测方法的具体应用并检验其预测精度。道街坝水文站控制流域面积为 11.02 万 km^2，占中国境内怒江干流流域面积的 88.3%，该站径流和悬移质输沙变化基本能代表怒江干流径流和悬移质输沙变化特征。

（1）判断道街坝站径流和悬移质输沙序列是否是随机变量。怒江干流水电梯级开发尚未实施，径流和悬移质输沙没有受到人为控制，属随机变量，适用于马尔可夫链。

（2）建立道街坝站径流和悬移质输沙序列分级标准。径流和年悬移质输沙序列长度超过 30 年，样本具有代表性，宜采用 P-Ⅲ 型频率曲线法来确定其所处状态。分别以保证率 0～12.5%、12.5%～37.5%、37.5%～62.5%、62.5%～87.5%、87.5%～100% 将径流和悬移质输沙分为丰、偏丰、平、偏少、少 5 级，对应状态 $E = \{1,2,3,4,5\}$。径流与悬移质输沙 P-Ⅲ 型分布各保证率对应的数值见表 4.6。

表 4.6 径流与悬移质输沙 P-Ⅲ型分布各保证率对应的数值

项 目	径 流				输 沙			
保证率	12.5%	37.5%	62.5%	87.5%	12.5%	37.5%	62.5%	87.5%
对应数值	1974m³/s	1781m³/s	1638m³/s	1456m³/s	1875kg/s	1167kg/s	789kg/s	474kg/s

（3）按照分级标准，确定径流和悬移质输沙序列对应的状态（表 4.7）。

表 4.7 历年径流与悬移质输沙状态

年份	$E_{径流}$	$E_{输沙}$	年份	$E_{径流}$	$E_{输沙}$	年份	$E_{径流}$	$E_{输沙}$	年份	$E_{径流}$	$E_{输沙}$	年份	$E_{径流}$	$E_{输沙}$
1957	3		1968	4	5	1979	3	3	1990	1	2	2001	2	1
1958	4		1969	4	4	1980	1	2	1991	1	2	2002	3	3
1959	5		1970	2	3	1981	3	4	1992	4	4	2003	1	1
1960	5		1971	4	3	1982	4	4	1993	2	2	2004	1	1
1961	3		1972	5	3	1983	3	4	1994	4	2	2005	2	1
1962	2		1973	4	5	1984	2	3	1995	3	2	2006	5	2
1963	2		1974	2	3	1985	2	1	1996	2	2	2007	4	2
1964	2	4	1975	3	2	1986	5	3	1997	3	2	2008	3	3
1965	3	4	1976	3	2	1987	4	1	1998	1	1	2009	5	4
1966	3	3	1977	2	5	1988	4	2	1999	3	2	2010	2	2
1967	4	5	1978	4	4	1989	4	2	2000	1	1			

（4）按步骤 4 和步骤 5 分别计算各步长自相关系数和马尔可夫链权重，结果见表 4.8。

表 4.8 各步长自相关系数和马尔可夫链权重

项目	径 流					输 沙				
k	1	2	3	4	5	1	2	3	4	5
r_k	0.031	0.106	0.191	−0.081	0.196	0.512	0.440	0.497	0.283	0.340
w_k	0.052	0.175	0.315	0.134	0.324	0.247	0.212	0.240	0.137	0.164

（5）经统计计算，可得步长为 1、2、3、4、5 的径流和悬移质输沙马尔可夫链的转移概率矩阵（表 4.9）。

表 4.9 各步长马尔可夫链的转移概率矩阵

项目	径 流					输 沙				
	E1	E2	E3	E4	E5	E1	E2	E3	E4	E5
P^1	0	4/14	4/14	4/14	2/14	2/10	3/10	3/10	2/10	0
P^2	0	3/6	3/6	0	0	0	1/11	6/11	2/11	2/11
P^3	2/11	2/11	2/11	4/11	1/11	2/11	4/11	2/11	3/11	0
P^4	2/15	5/15	3/15	4/16	2/16	0	4/10	3/10	1/10	0
P^5	1/5	1/5	3/5	0	0	3/9	2/9	3/9	0	1/9

（6）依据 2010 年、2009 年、2008 年、2007 年、2006 年的径流和悬移质输沙及其相应的状态转移概率矩阵，依据步骤 8 进行加权求和即可对 2011 年的径流和悬移质输沙状态概率进行预测（表 4.10 和表 4.11）。

表 4.10　　径流状态概率预测

初始年份	滞时/a	初始状态	权重	概率来源	E1	E2	E3	E4	E5
2010	1	2	0.052	P^1	0	0.286	0.286	0.286	0.143
2009	2	5	0.175	P^2	0	0.500	0.500	0	0
2008	3	3	0.315	P^3	0.182	0.182	0.182	0.364	0.091
2007	4	4	0.134	P^4	0.125	0.313	0.188	0.250	0.125
2006	5	5	0.324	P^5	0.200	0.200	0.600	0	0
2011 年状态概率预测					0.139	0.266	0.379	0.163	0.053

表 4.11　　悬移质输沙状态概率预测

初始年份	滞时/a	初始状态	权重	概率来源	E1	E2	E3	E4	E5
2010	1	2	0.247	P^1	0.200	0.300	0.300	0.200	0
2009	2	4	0.212	P^2	0	0.091	0.545	0.182	0.182
2008	3	3	0.240	P^3	0.182	0.364	0.182	0.273	0
2007	4	2	0.137	P^4	0.200	0.400	0.300	0.100	0
2006	5	2	0.164	P^5	0.333	0.222	0.333	0	0.111
2011 年状态概率预测					0.175	0.272	0.329	0.167	0.057

（7）将各状态的预测概率作为权重，与其对应状态的均值依据步骤（9）进行加权求和，即可得到 2011 年径流和悬移质输沙的预测值（表 4.12）。

表 4.12　　径流和悬移质输沙的数值预测

项目	径　流					输　沙				
	E1	E2	E3	E4	E5	E1	E2	E3	E4	E5
均值	2066m³/s	1868m³/s	1729m³/s	1536m³/s	1390m³/s	2500kg/s	1441kg/s	968kg/s	602kg/s	420kg/s
权重	0.139	0.266	0.379	0.163	0.053	0.175	0.272	0.329	0.167	0.057
预测值	1763m³/s					1273kg/s				

2011 年径流预测值 1763m³/s 与实测值 1730m³/s 对比，相对预测误差为 1.91%；2011 年悬移质输沙预测值 1273kg/s 与实测值 1300kg/s 对比，相对预测误差为 2.08%。将 2011 年径流和悬移质输沙加入原序列，重复以上步骤，即可得到 2012 年径流预测值为 1697m³/s，与实测值 1650m³/s 相比，相对预测误差为 2.85%；2012 年悬移质输沙预测值为 1136kg/s，与实测值 933kg/s 相比，

相对预测误差为 21.76%。预测值与实测值对比表明，2011 年和 2012 年径流数值预测精度均较高，2011 年悬移质输沙数值预测精度较高，而 2012 年悬移质输沙数值预测精度相对较低，其原因可能与悬移质输沙受人类活动影响更大有关。但由于怒江干流悬移质输沙状态之间的数值跨度较大，1964—2012 年间极值比达 7.19，预测误差仍处于可接受范围。同样，将 2012 年径流和悬移质输沙数值加入原序列，重复以上步骤，即可得到 2013 年径流和悬移质输沙预测值。

4.4 河流径流对比分析

纵向岭谷区发育了独龙江-伊洛瓦底江、怒江-萨尔温江、澜沧江-湄公河、元江-红河及金沙江等多条世界大河；同时该区域因其特殊的区位和复杂多变的地形，而成为受全球变化影响强烈和敏感的地区（李文华，2002）。区域内近似南北向发育的巨大山系和深切河谷地形，对地表自然物质和能量输送表现出明显的南北向通道和东西向阻隔作用，是影响该区域水-热-气循环及其空间分布格局的关键因素，使得该区域水-热-气循环及其空间分布格局的纬向变化显著而经向变化较为均匀（Pan Tao，2012）。纵向岭谷区同时也是西南季风和东南季风的交汇地带，季风驱动下的水汽与区域地形相互作用，使该区域的降水在空间上呈现出复杂多样的时空变化特征（李少娟，2007）。降水等气象因子时空分布的差异必然会导致该区域跨境河川径流的差异，同时流域内大规模梯级水电开发等人类活动的影响也成为导致该区域跨境河川径流变化的因素之一（Gayathri V，2011）。近年来，这些变化及其跨境影响，日益受到国内外关注（尤卫红等，2006；李运刚等，2008）。

4.4.1 对比流域与对比时段

本书利用纵向岭谷区自西向东的怒江、澜沧江、红河 3 条跨境河流干流出境控制水文站历年的径流观测数据，通过对比分析揭示纵向岭谷区水文过程时空分异特性。为统一对比时段，分别选取怒江干流出境控制站道街坝站、澜沧江干流出境控制站允景洪站和红河干流出境控制站蛮耗站 1956—2013 年实测逐月径流量资料。数据来源站点分布如图 4.24 所示。

4.4.2 径流年际变化及地域分异

由各流域年径流量的距平百分比 D、距平差累积 C_i 分析区域径流年际变化。由图 4.25 可知，径流的年际变化，以怒江最小，澜沧江居中，红河最大，呈现自西向东依次增大的趋势；1956—2013 年，怒江径流量总体呈增加趋势，速率为平均每年增加 0.16%，澜沧江和红河径流量总体呈减少趋势，速率为平均每年分别减少 0.32%、0.34%；在 2009—2013 年连续干旱期间，怒江径流量仅比多年平均值减少 4.4%，而澜沧江和红河径流量分别减少 26.2% 和 47.7%，径

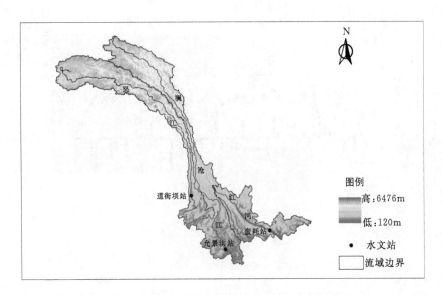

图 4.24　研究区及流域干流出境控制站分布图

流量减小幅度也呈现自西向东依次增大的趋势。该区域河川径流年际变化明显的地域分异规律，进一步表明纵向岭谷地形对印度洋、太平洋水汽"通道-阻隔"作用差异的径流效应（何大明，2013）。

　　位于纵向岭谷区西部的怒江流域，河川径流的补给主要来源于西南季风降水（张万诚等，2007；姚治君等，2012），流域下垫面产汇流过程主要受纵向高山峡

(a) 怒江

图 4.25（一）　各流域控制站径流年际变化

（b）澜沧江

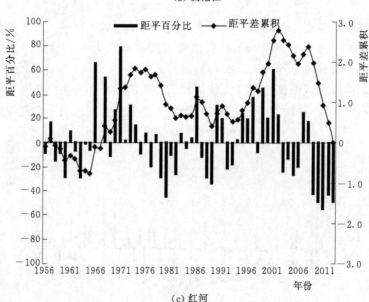

（c）红河

图 4.25（二） 各流域控制站径流年际变化

谷地形影响；这两个因素都属于深厚的控制系统，在其主导下，怒江流域的河川径流变化相对稳定。位于纵向岭谷区东部的红河流域，由于受到西部的高黎贡山、云岭和哀牢山等纵向山系对西南季风的阻隔，流域来自印度洋水汽的降水大为减弱；而该流域东侧的山系海拔较低，东南季风可以长驱直入；但由于受干流干热河谷对降水的阻隔作用，其来自太平洋水汽的降水也受到制约，导致流域干流区的产水量在纵向岭谷区最低；在地形和季风因素的交互影响下，流域的河川径流时空分异性突出，对气候变化的响应也更为敏感、复杂。位于纵向岭谷区中部的澜沧江流域，河川径流受纵向岭谷"通道-阻隔"作用和西南季风、东南季风交互影响的程度，都较明显，其变化的程度和复杂性则介于两者之间。

4.4.3 径流年内分配对比分析

由表4.13可知，怒江、澜沧江和红河干流径流的多年平均集中度分别为0.502、0.442和0.460，年内的集中度均较高，地域分异是怒江＞红河＞澜沧江。由图4.26可知，在澜沧江干流水电开发之前（1986年以前），怒江和澜沧江径流年内分配的差异不大，因为怒江和澜沧江两条相邻南北向大河的流域气候和产汇流条件相近；但澜沧江干流近年来受漫湾（1996年建成）、大朝山（2003年建成）和景洪（2009年建成）水电站的调节作用，集中度呈减小趋势，尤其以2010年后减小趋势十分明显，至2013年径流年内分配集中度减小到0.084（2012年第一个具有多年调节功能的小湾水电站建成），至第二个具有多年调节功能的糯扎渡水电站蓄水运行后，其径流年内分配会越来越趋于均匀。

表 4.13 径流年内分配集中度与集中期

河 流	站 名	集中度	集 中 期	
			集中期方向/(°)	集中期时间
怒江干流	道街坝	0.502	194.8	7月16日
澜沧江干流	允景洪	0.442	219.9	8月11日
红河干流	蛮耗	0.460	225.7	8月17日

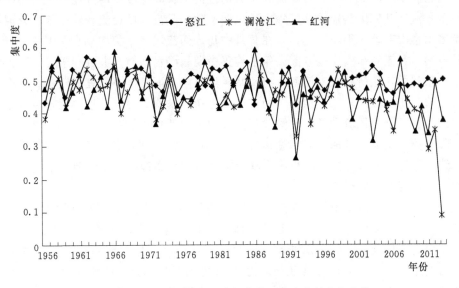

图 4.26 各流域控制站径流年内分配集中度的多年变化

由表4.13可知,怒江干流径流集中期为7月中旬,年际变化较稳定;澜沧江干流和红河干流径流集中期为8月中旬,怒江比红河和澜沧江集中期提前了约1个月,主要原因为控制怒江流域降水的西南季风雨季开始时间较早。

4.5 小结

综合运用小波分析、集中度与集中期、Mann-Kendall检验、R/S分析等方法,对怒江流域水沙时空分异特征进行了系统分析,得到以下几个方面的初步结论。

(1) 怒江支流南汀河径流模数是干流的1.4倍,平均含沙量和输沙模数分别是干流的3倍和4.5倍,但由于支流南汀河在怒江流域中所占面积比例较小,其径流量和悬移质输沙量分别仅占怒江流域的9%和23%。径流模数、径流变异系数、悬移质输沙变异系数呈现出随控制面积增大而减小的规律,怒江干流径流和悬移质输沙年际变化较小。怒江干流出境代表站木城站悬移质输沙率小于上游道街坝站,河道比降的下降导致部分泥沙淤积在区间河床可能是造成这种现象的原因之一,具体尚需进一步研究证实。

(2) 怒江干流和支流南汀河径流和悬移质输沙年内分配极不均匀。干流径流和悬移质输沙集中程度在月以上时间尺度高于支流南汀河,而在日时间尺度低于支流南汀河。怒江干流3站径流和悬移质输沙年内分配多年平均集中度分别在0.50和0.80左右,支流南汀河两站径流和悬移质输沙年内分配多年平均集中度分别在0.46和0.75左右。干流和支流南汀河悬移质输沙年内分配集中度均明显高于径流,其原因是输沙高度集中于汛期所致。干流3站径流和输沙年内分配多年平均集中期差异很小,均分布在7月中旬,而流域降水集中期在7月下旬至8月下旬,径流和输沙年内分配多年平均集中期较降水提前为上游春末夏初冰雪融水导致的桃花汛所致;支流南汀河两站径流年内分配多年平均集中期在8月中下旬,输沙年内分配多年平均集中期在8月上旬,输沙年内分配集中期较径流稍有提前。怒江干流径流和悬移质输沙年内分配集中度变化趋势基本一致,均呈波动下降趋势;支流南汀河径流和悬移质输沙年内分配集中度均没有明显变化趋势。径流和悬移质输沙年内分配集中度降低将对流域生态健康、水资源与水电能源利用产生一定的积极影响。

(3) 怒江干流道街坝站径流与输沙周期均为30年左右,但输沙的变化周期较明显而径流的变化周期不明显;径流长周期中存在明显的2年左右的短期波动,但输沙长周期中的短期波动不明显。支流南汀河姑老河站径流变化周期为10年左右但不明显,输沙变化周期为28年左右且较明显,径流和输沙的短期波动特征与干流一致。西南季风沿下游往上逐渐减弱可能是造成干流和南汀河支流径流变化周期差异的主要原因。在没有大规模涉水工程的情况下，输沙变化主要受控于降水与土地利用，干流道街坝站输沙长周期与支流南汀河姑老河站基本一致，表明干流与支流南汀河土地利用变化过程基本一致。

（4）怒江干流径流量和悬移质输沙量均呈明显上升趋势，且均在1987年开始发生突变；支流南汀河径流量呈下降趋势，悬移质输沙量呈明显上升趋势，径流量未发生突变，悬移质输沙量在1980年开始发生突变。怒江干流和支流南汀河的径流和悬移质输沙未来仍将延续过去的变化趋势，但径流未来变化的持续性远低于悬移质输沙。怒江干流径流年内分配集中度未发生明显突变，与流域逐月降水时序未发生突变的规律相一致；悬移质输沙年内分配集中度在1977年开始发生突变，在1995年后下降趋势明显。支流南汀河径流年内分配集中度将呈上升趋势，输沙年内分配集中度将呈下降趋势，但趋势性较弱。相对于流域径流的变化影响，流域泥沙时空分异影响因素更为复杂多变，主要外因在于不同时期的人类活动影响差异明显。20世纪80年代以前，怒江流域人类活动影响相对较弱，降水主导了流域产沙及河道泥沙输移变化；20世纪80年代至20世纪末，流域山地人类活动（关键是坡地开垦等）逐渐加强，导致河流泥沙逐渐增加；21世纪以来，在坡地退耕还林还草政策（包括"坡改梯"等土地利用方式的改变）以及自然保护区建设等影响下，流域植被逐渐恢复，除局部地区受到道路建设、支流小水电开发和城镇建设泥沙有明显增加外，在流域尺度上的泥沙变化总体呈减少趋势。

（5）怒江干流中游（贡山站）悬移质输沙与径流的相关性不显著，中下游和下游以及支流南汀河悬移质输沙与径流的相关性均极显著。贡山站以上河流冰雪融水补给比例逐渐增大，降雨与冰雪融水共同补给可能是导致贡山站水沙关系更为复杂的主要原因。西南季风强弱和进退时间差异及河流补给类型是怒江流域径流时空分异特征的主要影响因素，而流域输沙时空分异特征除了与上述因素关系密切外，还主要与流域人类活动及土地利用/覆被有关。

（6）已有的马尔可夫链预测方法只能进行状态预测，而本书建立的复权马尔可夫链预测方法能够进行数值预测，实现了对马尔可夫链预测方法的关键性改进，不仅提高了预测精度，也扩展了该方法的应用范围。不受人为控制的随机性序列和足够的长度，是适用马尔可夫链的前提条件。在以若干阶的自相关系数为权重，用各种步长的马尔可夫链加权和来进行状态概率预测的基础上，进一步以状态概率为权重与状态平均值二次加权求和，与其他马尔可夫链预测方法相比，更能充分合理利用时间序列的信息。怒江水沙预测实例表明，所建立的复权马尔可夫链预测方法思路清晰，计算简便，为提高随机变量的数值预测精度提供了一种可行途径，具有较高的应用价值。

（7）研究区怒江、澜沧江、红河流域的河川径流，主要来自于季风降水，其时空分异特征明显受到纵向岭谷地形对印度洋、太平洋水汽输送的"通道-阻隔"作用影响。各流域对"通道-阻隔"作用径流效应的地域分异规律明显，主要表现在：径流的年际变化呈自西向东依次增大的趋势；各流域的河川径流自 2009 年后均进入下降期，径流的减小幅度也呈现自西向东依次增大的趋势；而各流域径流的年内集中程度则呈现自西向东减小的态势。

（8）在没有干流电站对河川径流调节作用的情况下，受季风降水制约，各流域径流的年内集中度均较高，但澜沧江流域自 1996 年干流水电站建成以来，受梯级水电站的径流调节作用影响，其径流集中度呈持续减小趋势。受雨季开始时间较早的西南季风降水影响，怒江干流径流年内集中期较红河干流和澜沧江干流的集中期提前了约 1 个月。

第 5 章

怒江流域基流分割及其时空分异特征

自 20 世纪 80 年代以来，在西南纵向岭谷区的金沙江、澜沧江相继进行了大规模梯级水电开发，唯有怒江仍保持相对自然的状态，受到人类活动的影响较小，怒江成为揭示我国西南纵向岭谷区水文自然变化过程唯一的理想场所。基流是流域径流的重要组成部分，也是表征流域水文特征的重要方面。本书采用数字滤波方法对怒江干流和支流南汀河进行基流分割，并对其基流指数，基流年内分配，基流丰、枯水平年的变化及基流与径流的关系进行分析，明晰怒江流域基流时空分异特征。

5.1　基流分割方法

5.1.1　概述

基流是河川径流中比较稳定的组成部分，在维持河流健康、维护流域生态平衡、保障供水安全、优化水资源配置等方面具有不可替代的重要作用。基流可由谷底地表附近的存储水补给，在降水过程中这些地方水分快速汇集，并且能保证干旱季节不间断地向河流侧向补给，该部分的存储水分严格来讲并不是真正的"地下水"（党素珍等，2011）。由于无法通过实验对径流分割和水源划分的结果进行科学论证（陈利群，2006），基流分割研究一直是水文学、生态水文学研究的重点和难点之一，也一直受到国内外学者的广泛关注，迄今已取得了一定的进展与突破（徐磊磊等，2011）。使用水化学示踪剂与环境同位素进行水文过程线分割，可更好地理解径流的形成过程，但容易受到环境的影响产生不确定性且费用较高，在实际中很少采用（党素珍等，2011）。传统的直线平割法操作上的人为性和随意性较大，所分割出来的基流量结果粗略、可靠性受到质疑，且由于依靠手工操作，效率很低，难以处理长系列水文数据（林学钰等，2009）。近年来，具有客观性强、操作简便、计算速度快等特点的滑动最小值法、HYSEP 法、PART 法、数字滤波法等自动分割技术快速发展（雷泳南等，2011）。其中，数字滤波法对基流分割的结果具有较好的客观性和可重复性，近年来在国际上得到广泛的应用。

利用数字滤波方法，吕玉香等（2009）对贡嘎山黄崩溜沟流域进行了基流估算，并分析出基流指数与地表水及地下水中化学元素含量具有较高的一致性和相关性；郭军庭等（2011）对黄土丘陵沟壑区小流域基流特点及其影响因子分析表明，随着次降雨量增加基流指数减小，土地利用类型中的农地、灌丛和人工林对基流产生负影响，基流指数与流域河网密度和河流比降呈线性相关关系；权锦等（2012）对石羊河流域的基流分割研究表明，基流值与降水、地形等因素密切相关；崔玉洁等（2011）对三峡库区香溪河流域基流分割的研究指出，滤波方程的参数和次数对基流分割结果有影响；因此，使用者能够在分割基流的过程中比较方便地加入自己的经验（林凯荣等，2008）。雷泳南等（2011）以黄土高原窟野河流域为对象，对滑动最小值法、HYSEP 法和数字滤波法 3 类共 8 种自动基流分割方法进行对比分析，表明数字滤波法中的 F2 法和 F4 法分割的基流过程线与实际观测值的验证效果最好；豆林等（2010）以我国黄土区 6 个流域为对象，对 PART 法、数字滤波法及滑动最小值法等自动基流分割方法在该地区的适用性进行分析，表明数字滤波法分割的基流过程与实际基流状况更为相符。本书利用数字滤波法对怒江基流进行分割，并分析其基流时空分布特征。

5.1.2　数字滤波法

数字滤波法是 Nathan 和 McMahon 于 1990 年首次提出的一种模仿人工分割流量过程的数学方法，通过将日径流资料作为地表径流（高频信号）和基流（低频信号）的叠加将基流划分出来，易于计算机自动实现。其滤波方程为

$$q_t = \beta q_{t-1} + \frac{1+\beta}{2}(Q_t - Q_{t-1})$$

$$b_t = Q_t - q_t$$

式中：q_t 为 t 时刻过滤出的地表径流；Q_t 为实测河川径流；b_t 为 t 时刻的基流；t 为时间，d；β 为滤波参数。

由于参数 β 和滤波次数对基流分割的准确性会产生一定影响。因此，在利用数字滤波法进行基流分割时，应根据流域气候和地理特征进行合理的参数取值。三峡库区香溪河流域基流分割研究表明滤波参数 β 越大，次数越多，分割得到的基流越小，而滤波参数 β 取 0.925，滤波次数采用 3 次时基流分割结果最优（崔玉洁等，2011）。怒江流域与三峡库区香溪河流域均为喀斯特峡谷区，地形地貌和降水量相近，因此怒江流域基流分割中滤波参数 β 和滤波次数采用三峡库区香溪河流域的对比成果，即滤波参数 β 取 0.925，滤波次数选用 3 次。

5.1.3　丰、平、枯水平年的划分

为对不同径流丰、平、枯水平年基流特征进行对比分析，在基流分割的基

础上进行年径流丰、平、枯的划分和基流统计。利用实测年径流资料，采用 P-Ⅲ型频率曲线法，以一定保证率 P 作为划分年径流丰、平、枯的标准。在此基础上，计算丰、平、枯划分标准所对应的年径流量与多年平均年径流量的比值（即模比系数 k），以直观表示各年份径流相对丰枯程度。根据水文相关规范，P-Ⅲ型频率曲线法需要的样本序列一般不少于 30 年，因此只对径流样本序列较长的干流贡山站、道街坝站和支流南汀河姑老河站进行丰、平、枯水平年的划分。各站年径流量 P-Ⅲ型频率曲线如图 5.1～图 5.3 所示，各站年径流量丰、平、枯水平年的划分标准见表 5.1。

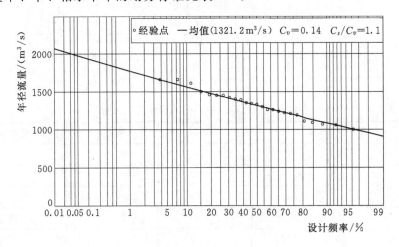

图 5.1　贡山站年径流量 P-Ⅲ型频率曲线

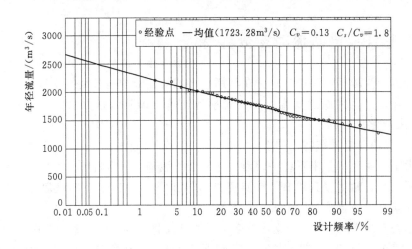

图 5.2　道街坝站年径流量 P-Ⅲ型频率曲线

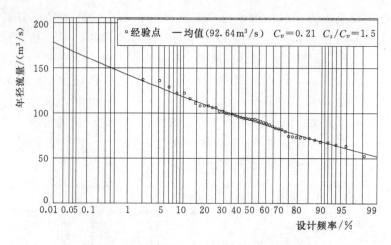

图 5.3　姑老河站年径流量 P-Ⅲ型频率曲线

表 5.1　　　　　　　　　各站年径流量丰、平、枯水平年的划分标准

水平年		丰水年	平水年	枯水年
设计频率 P/%		<25	25~75	>75
贡山站	年径流量/(m³/s)	>1443	1443~1194	<1194
	模比系数 k	>1.09	1.09~0.90	<0.90
道街坝站	年径流量/(m³/s)	>1869	1869~1568	<1568
	模比系数 k	>1.08	1.08~0.91	<0.91
姑老河站	年径流量/(m³/s)	>105	105~79	<79
	模比系数 k	>1.13	1.13~0.85	<0.85

5.2　怒江流域基流时空分异特征

为方便流域基流特征分析，在利用数字滤波法分割出各站逐日基流后，分别按月、年统计，并通过基流占总径流量的比重，即基流指数（Baseflow Index，BFI）来量化。

5.2.1　基流时空分布特征

由于各站资料年限不统一，为便于怒江流域基流时空特征及其之间的关系对比分析，将各站基流量和 BFI 按照资料年限和 2005—2011 年时间段分别进行统计，并给出其与径流量的 Pearson 相关系数。

由表 5.2 可知，怒江干流各站多年平均基流量在 954.3~1337.0m³/s，BFI 多年平均值在 0.7~0.8，基流量自上游到下游递增，下游木城站的 BFI 均值稍大于贡山站和道街坝站。支流南汀河姑老河站和大湾江站多年平均基流量分别为

62.2m^3/s 和 117.6m^3/s，BFI 多年平均值在 0.68 左右，下游大湾江站的 BFI 均值稍大于中游姑老河站。干流 BFI 大于支流南汀河，这种差异主要与河流补给形式有关。怒江干流和支流南汀河 3 站 2005—2011 年径流量和基流量均小于其长序列统计值主要与流域该时期年均降水量较常年偏少有关。各站基流量与径流量的 Pearson 相关系数均在 0.9 以上，且通过 $\alpha=0.01$ 置信水平的显著性检验，表明基流量与径流量呈高度正相关关系。BFI 与径流量的 Pearson 相关系数除道街坝站和木城站 2005—2011 年呈正值外均呈负值，表明 BFI 与径流量之间主要呈负相关关系，但各站 Pearson 相关系数绝对值较小，且只有干流贡山站和支流南汀河姑老河站通过 $\alpha=0.01$ 置信水平的显著性检验，负相关关系不够显著。

表 5.2 各站多年平均基流量与 BFI

干支流	站名	统计年限	径流量/(m^3/s)	基流量/(m^3/s)	BFI	基流与径流量的 Pearson 相关系数	BFI 与径流量的 Pearson 相关系数
怒江干流	贡山	1987—2011 年	1321.2	954.3	0.723	0.992[1]	−0.528[1]
		2005—2011 年	1215.7	878.0	0.723	0.991[1]	−0.555
	道街坝	1964—2011 年	1723.3	1236.9	0.718	0.986[1]	−0.229
		2005—2011 年	1657.8	1207.9	0.728	0.993[1]	0.183
	木城	2005—2011 年	1808.3	1337.0	0.739	0.990[1]	0.340
支流南汀河	姑老河	1965—2011 年	92.6	62.2	0.674	0.980[1]	−0.371[1]
		2005—2011 年	80.4	54.6	0.680	0.985[1]	−0.203
	大湾江	2005—2011 年	172.9	117.6	0.682	0.993[2]	−0.615

[1] 通过 $\alpha=0.01$ 置信水平。

从各站年均基流量及 BFI 变化过程（图 5.4～图 5.8）来看，各站基流量与径流量变化过程和趋势基本一致；各站 BFI 年际变幅较小，且变化趋势不明显。

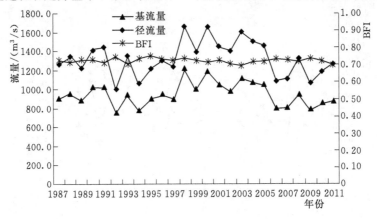

图 5.4 干流贡山站年均基流量及 BFI 变化过程

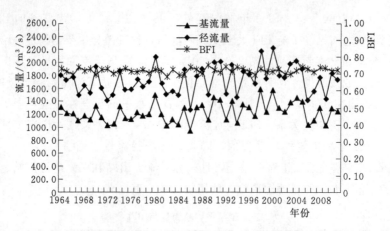

图 5.5　干流道街坝站年均基流量及 BFI 变化过程

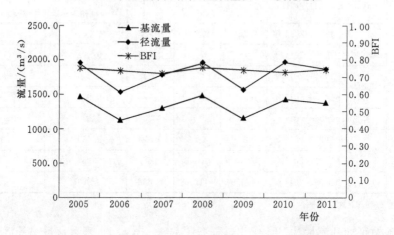

图 5.6　干流木城站年均基流量及 BFI 变化过程

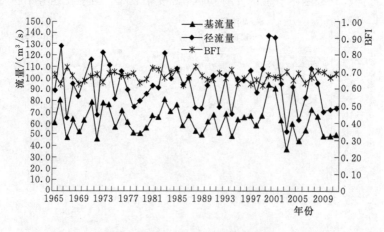

图 5.7　支流南汀河姑老河站年均基流量及 BFI 变化过程

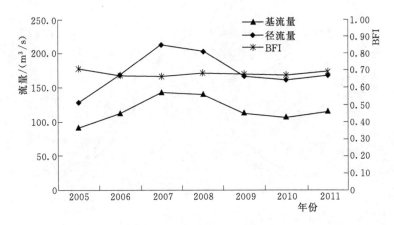

图 5.8　支流南汀河大湾江站年均基流量及 BFI 变化过程

5.2.2　基流年内分配特征

由图 5.9～图 5.11 可知，怒江干流各站多年平均基流量和径流量年内分配均呈"尖廋"的单峰型，且年内分配过程基本一致；各站径流量和基流量最低值均出现在 1 月，径流量最高值均出现在 7 月，贡山站和道街坝站基流量最高值出现在 7月，而木城站基流量最高值出现在 8 月。干流各站多年平均 BFI 年内分配均呈 V形，即旱季高、雨季低，但年内分配过程不完全与径流相反；贡山站、道街坝站和木城站多年平均 BFI 最低值均出现在 6 月，贡山站最高值出现在 2 月，道街坝站和木城站最高值出现在 1 月；从上游到下游，多年平均月 BFI 最低值呈上升趋势，而最高值呈下降趋势，表明下游 BFI 的年内差异更小。

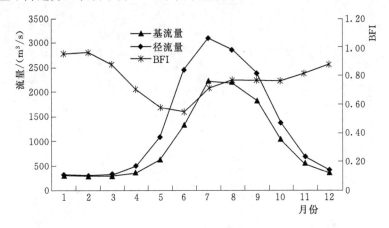

图 5.9　干流贡山站 1987—2011 年基流量及 BFI 年内变化过程

由图 5.12 和图 5.13 可知，支流南汀河姑老河站和大湾江站多年平均基流量和径流量年内分配也呈"尖廋"的单峰型，且年内分配过程基本一致，最低值出现在

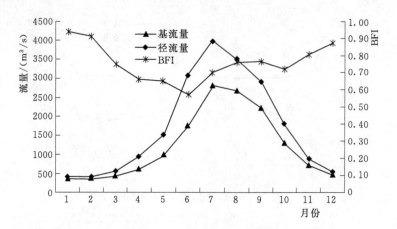

图 5.10　干流道街坝站 1964—2011 年基流量及 BFI 年内变化过程

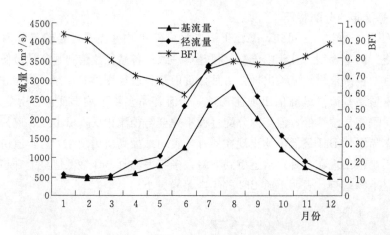

图 5.11　干流木城站 2005—2011 年基流量及 BFI 年内变化过程

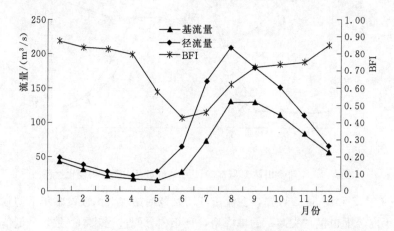

图 5.12　支流南汀河姑老河站 1965—2011 年基流量及 BFI 年内变化过程

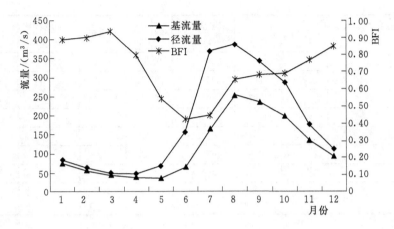

图 5.13 支流南汀河大湾江站 2005—2011 年基流量及 BFI 年内变化过程

4 月，最高值出现在 8 月。两站多年平均 BFI 年内分配均也呈 V 形，姑老河站和大湾江站最低值均出现在 6 月，姑老河站最高值出现在 1 月，大湾江站最高值出现在 3 月；从上游到下游，多年平均月 BFI 最低值呈下降趋势，而最高值呈上升趋势，与干流趋势相反，这种差异可能主要与降水区域分异有关。

5.2.3 不同水平年基流特征

根据各站年径流量丰、平、枯水平年的划分标准（表 5.1），分别将丰、平、枯水年年均基流量和 BFI 进行统计。由表 5.3～表 5.5 可知，贡山站丰、平、枯水年年数分别为 7 年、12 年、6 年，年均基流量分别为 1105.6m³/s、944.3m³/s、797.9m³/s，年均 BFI 分别为 0.717、0.721、0.735；道街坝站丰、平、枯水年年数分别为 12 年、21 年、15 年，年均基流量分别为 1431.4m³/s、1244.2m³/s、1071.3m³/s，年均 BFI 分别为 0.713、0.717、0.724；姑老河站丰、平、枯水年年数分别为 12 年、23 年、12 年，年均基流量分别为 77.9m³/s、61.6m³/s、47.8m³/s，年均 BFI 分别为 0.663、0.667、0.697。3 站年均基流量均为丰水年＞平水年＞枯水年，年均 BFI 均为丰水年＜平水年＜枯水年。

表 5.3　　　　　　　　　贡山站不同水平年的年均基流量及 BFI

丰水年	年均基流量 / (m³/s)	年均 BFI	平水年	年均基流量 / (m³/s)	年均 BFI	枯水年	年均基流量 / (m³/s)	年均 BFI
1991	1032.6	0.712	1987	911.4	0.723	1992	746.9	0.747
1998	1221.8	0.736	1988	959.4	0.716	1994	782.8	0.738
2000	1186.0	0.714	1989	891.2	0.731	2006	797.9	0.732
2001	1054.0	0.727	1990	1033.5	0.728	2007	808.6	0.728
2003	1115.3	0.693	1993	952.1	0.705	2009	791.5	0.740

续表

丰水年	年均基流量/(m³/s)	年均 BFI	平水年	年均基流量/(m³/s)	年均 BFI	枯水年	年均基流量/(m³/s)	年均 BFI
2004	1077.0	0.718	1995	906.4	0.749	2010	859.4	0.722
2005	1052.7	0.721	1996	953.5	0.733			
			1997	896.4	0.723			
			1999	1003.4	0.722			
			2002	987.8	0.706			
			2008	955.7	0.719			
			2011	880.4	0.699			
多年平均值	1105.6	0.717	多年平均值	944.3	0.721	多年平均值	797.9	0.735

表 5.4　　　　　　　　　　道街坝站不同水平年的年均基流量及 BFI

丰水年	年均基流量/(m³/s)	年均 BFI	平水年	年均基流量/(m³/s)	年均 BFI	枯水年	年均基流量/(m³/s)	年均 BFI
1970	1334.4	0.691	1964	1319.0	0.733	1967	1105.4	0.740
1980	1501.0	0.722	1965	1226.1	0.715	1969	1113.8	0.728
1985	1315.3	0.697	1966	1216.4	0.691	1972	1023.5	0.729
1988	1340.8	0.702	1968	1177.4	0.721	1973	1060.9	0.702
1990	1450.4	0.724	1971	1152.1	0.722	1975	1142.0	0.730
1991	1428.8	0.710	1974	1329.0	0.713	1982	1027.9	0.682
1993	1404.4	0.712	1976	1124.8	0.715	1983	1126.7	0.723
1998	1587.5	0.728	1977	1234.7	0.710	1984	1035.0	0.691
2000	1576.2	0.714	1978	1174.6	0.724	1986	935.5	0.737
2003	1382.8	0.699	1979	1198.3	0.704	1989	1122.3	0.750
2004	1456.9	0.719	1981	1196.8	0.718	1992	1113.5	0.736
2005	1398.0	0.740	1987	1304.4	0.730	1994	1073.9	0.736
			1995	1347.3	0.727	2006	1029.8	0.731
			1996	1306.4	0.716	2007	1109.9	0.712
			1997	1166.6	0.695	2009	1048.7	0.733
			1999	1239.2	0.710			
			2001	1309.3	0.729			
			2002	1236.0	0.703			
			2008	1310.3	0.739			
			2010	1307.8	0.719			
			2011	1251.1	0.725			
多年平均值	1431.4	0.713	多年平均值	1244.2	0.717	多年平均值	1071.3	0.724

表 5.5 姑老河站不同水平年的年均基流量及 BFI

丰水年	年均基流量 /(m³/s)	年均 BFI	平水年	年均基流量 /(m³/s)	年均 BFI	枯水年	年均基流量 /(m³/s)	年均 BFI
1966	81.0	0.628	1965	60.7	0.685	1967	47.1	0.730
1971	78.5	0.676	1968	64.8	0.679	1972	46.1	0.686
1973	78.2	0.641	1969	52.6	0.630	1978	51.0	0.691
1974	77.0	0.693	1970	62.8	0.652	1988	53.5	0.730
1976	71.3	0.672	1975	57.3	0.701	1989	49.3	0.677
1983	81.5	0.668	1977	60.7	0.678	1992	51.2	0.691
1985	76.6	0.709	1979	50.9	0.640	1994	48.2	0.709
1997	66.6	0.629	1980	56.0	0.655	2003	36.6	0.699
1999	67.1	0.622	1981	67.5	0.724	2005	43.8	0.693
2000	93.5	0.682	1982	65.0	0.713	2009	49.1	0.700
2001	90.8	0.667	1984	69.8	0.703	2010	48.2	0.669
2007	72.3	0.669	1986	58.0	0.621	2011	49.7	0.687
			1987	66.8	0.670			
			1990	61.0	0.654			
			1991	67.3	0.660			
			1993	67.8	0.665			
			1995	62.9	0.635			
			1996	65.2	0.667			
			1998	56.7	0.650			
			2002	63.0	0.670			
			2004	59.9	0.652			
			2006	52.9	0.640			
			2008	66.5	0.704			
多年平均值	77.9	0.663	多年平均值	61.6	0.667	多年平均值	47.8	0.697

5.3 小结

数字滤波法具有较好的客观性和可重复性,近年来在国内外的基流分割研究中得到了广泛应用。利用数字滤波法对怒江干流和支流南汀河的基流研究表明:

(1) 怒江干流各站多年平均基流量在 954.3~1337.0m³/s,BFI 多年平均值在 0.7~0.8,基流量自上游到下游递增。支流南汀河姑老河站和大湾江站多年平均基流量分别为 62.2m³/s 和 117.6m³/s，BFI 多年平均值在 0.68 左右。各站基流与径流量的 Pearson 相关系数均在 0.9 以上，且通过 $\alpha=0.01$ 置信水平的显著性检验。BFI 与径流量之间主要呈负相关关系，但各站 Pearson 相关系数绝对值较小，且只有干流贡山站和支流南汀河姑老河站通过 $\alpha=0.01$ 置信水平的显著性检验。各站基流量与径流量变化过程和趋势基本一致。

（2）怒江干流和支流南汀河各站多年平均基流量和径流量年内分配均呈"尖瘦"的单峰型，且年内分配过程基本一致；各站多年平均 BFI 年内分配均呈 V 形，但变化过程不完全与径流相反。干流各站径流量和基流量最低值均出现在 1 月，除木城站基流量最高值出现在 8 月之外，其余各站径流量和基流量最高值均出现在 7 月；各站多年平均 BFI 最低值均出现在 6 月，贡山站最高值出现在 2 月，道街坝站和木城站最高值出现在 1 月。支流南汀河姑老河站和大湾江站多年平均基流量和径流量最低值出现在 4 月，最高值出现在 8 月；两站多年平均 BFI 最低值均出现在 6 月，姑老河站最高值出现在 1 月，大湾江站最高值出现在 3 月。从上游到下游，干流多年平均月 BFI 最低值呈上升趋势，最高值呈下降趋势，支流南汀河则相反，这种差异可能主要与降水区域分异有关。

（3）贡山站丰、平、枯水年年均基流量分别为 1105.6m³/s、944.3m³/s、797.9m³/s，年均 BFI 分别为 0.717、0.721、0.735；道街坝站丰、平、枯水年年均基流量分别为 1431.4m³/s、1244.2m³/s、1071.3m³/s，年均 BFI 分别为 0.713、0.717、0.724；姑老河站丰、平、枯水年年均基流量分别为 77.9m³/s、61.6m³/s、47.8m³/s，年均 BFI 分别为 0.663、0.667、0.697。3 站年均基流量均为丰水年＞平水年＞枯水年，年均 BFI 均为丰水年＜平水年＜枯水年。

第 6 章

怒江流域中上游枯季径流对气候变化的响应

近百年来，全球气候正经历显著变化，气候变化已成为当今科学界、各国政府和社会公众普遍关注的问题之一（IPCC，2007；Nema P 等，2012）。气候变化使水文循环过程不断发生改变，从而引起水资源在时空上的重新分配（Arnell N W 等，2013；van Vliet M T H 等，2013；梁国付等，2012；李峰平等，2013）。作为地球表层系统中一个极端复杂的动态系统和环境脆弱地区，青藏高原在响应气候变化方面非常敏感；此外，青藏高原是亚洲主要大河的发源地，由气候变化引起的水资源变化，对高原本身和周边地区的人类生存环境与社会经济发展都将产生重大影响（姚檀栋等，2006；Immerzeel W W 等，2010；潘威等，2013）。在当代全球和中国气候以变暖为主要特征的背景下（丁一汇等，2006），青藏高原地区气温总体上呈显著增暖的趋势（王堰等，2004；；姜永见等，2012），其中冬季的增暖趋势较其他季节更为明显（李林等，2010）；在降水方面，青藏高原地区冬季和春季降水量显著增加（丁一汇等，2008）。无论是气温还是降水，青藏高原地区枯水季节尤其是冬季的变化都是较为明显的。受此影响，青藏高原外流区主要河流径流总量总体上没有增加，但季节径流量的变化比较显著（曹建廷等，2005）。

相关研究表明，近 50 年来，怒江流域总体上呈增温增湿的趋势，且流域内平均气温增速显著增高（杜军等，2009；姚治君等，2012）；此外，怒江流域河川径流量表现出增加的趋势（张万诚等，2007；尤卫红等，2007）。可以看出，现有研究多集中于从整体上分析怒江流域气候及径流变化特征。如前所述，怒江流域中上游所处的青藏高原地区，枯水季节的增暖增湿趋势较洪水季节更为显著（丁一汇等，2008；李林等，2010）；此外，受冰雪融水及冻土的影响，青藏高原地区枯水径流对气候变化的响应尤为错综复杂（叶柏生等，2012）。基于上述原因，需要着重关注怒江流域中上游枯季径流变化，以及高原山地环境下该流域枯季水文过程对气候变化的响应规律。本章利用怒江流域中上游的气温、降水及径流资料，重点分析怒江流域中上游枯季气象要素以及径流特征的变化规律，并对高原山地环境枯季水文过程对气候变化的可能响应作了探讨，为怒江流域水文过程变化的预估以及水资源合理利用提供依据。

6.1　数据来源站点选取

怒江流域中上游气象站较少，且已有气象站大多观测时间相对较短。本书采用具有 1960—2009 年近 50 年长系列观测资料的那曲站、索县站、丁青站及贡山站的气温及降水数据进行分析（气温及降水数据来源于中国气象科学数据共享服务网，http：//cdc.cma.gov.cn/home.do），4 个气象站的海拔依次为 4507m、4023m、3873m 和 1591m。在径流资料方面，选取怒江干流道街坝站研究时段内的径流数据。怒江流域资料来源气象站及水文站位置如图 6.1 所示。

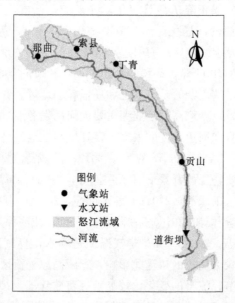

图 6.1　怒江流域资料来源气象站及水文站位置图

6.2　怒江流域中上游降水及径流的时空分布规律

6.2.1　怒江流域中上游降水月分配情况

表 6.1 列出了怒江流域中上游 4 个典型代表站降水量的月分配情况。从表 6.1 中可以看出，怒江流域上游那曲站、索县站和丁青站的降水高度集中于汛期，枯季 11 月至次年 4 月的平均降水量依次仅为 25.4mm、44.0mm 和 63.3mm，分别占年降水量的 5.8%、7.5% 和 9.8%；受南支槽和特殊地形复杂影响，怒江中游存在两个雨季，即 1—4 月和 5—10 月，受此影响，贡山站枯季降水量较大，占年降水量的 40.2%。

表 6.1   怒江流域中上游典型代表站降水量月分配情况

站名	降水量月分配/%												年平均降水量/mm
	1月	2月	3月	4月	5月	6月	7月	8月	9月	10月	11月	12月	
那曲	0.7	0.6	0.9	2.2	7.4	19.1	24.2	22.9	16.0	4.6	0.8	0.5	435.9
索县	1.0	1.1	1.4	2.6	9.5	22.2	21.2	18.4	15.7	5.4	0.8	0.6	585.3
丁青	0.5	1.2	2.3	3.8	8.4	19.8	21.8	18.5	15.1	6.5	1.6	0.5	644.8
贡山	3.6	7.7	12.7	11.9	8.6	13.2	11.7	9.2	9.2	7.9	2.7	1.6	1713.5

6.2.2 怒江流域径流量月分配情况

怒江流域的径流补给方式在空间上差异较大。其中，上游降雨、冰雪融水及地下水补给的比例分别为 35%、32%和 33%；中游的径流补给以降雨为主，少量来源于冰雪融水；下游则全部为降水补给（刘冬英等，2008）。表 6.2 列出怒江流域干流道街坝站径流量的月分配情况，可以看出，怒江流域径流量季节分配较不均匀，枯季流量占总径流量的比重较小。其中，冬季（12月至次年 2月）的径流量最小，仅占年径流总量的 6.6%，而春季（3—5月）径流量所占比例则为 14.6%。

表 6.2   怒江流域干流道街坝站径流量月分配情况   %

站名	1月	2月	3月	4月	5月	6月	7月	8月	9月	10月	11月	12月
道街坝	2.0	1.8	2.7	4.4	7.5	14.7	19.5	17.7	13.8	8.8	4.3	2.7

6.3 怒江流域中上游枯季气候变化

6.3.1 气温变化

近 50 年来，怒江流域中上游冬季和春季气温均有上升趋势，但趋势的显著性并不一致（表 6.3）。上游各站冬季的平均气温增加趋势均显著，那曲站平均气温的增加幅度最大，达到了 0.81℃/10a，而索县站和丁青站的增加幅度则分别为 0.38℃/10a 和 0.37℃/10a。Mann - Kendall 非参数检验结果表明，上游 3站冬季平均气温的增加趋势均显著；春季平均气温的增加幅度不如冬季，那曲站、索县站和丁青站春季平均气温的增加幅度依次为 0.37℃/10a、0.21℃/10a 和 0.16℃/10a。在当代气候变暖条件下，青藏高原及其相邻地区的气温变化与海拔有关，变暖的幅度一般随海拔升高而增大（刘晓东等，1998；姚檀栋等，2000），近 50 年来，怒江流域中上游冬季和春季平均气温的增加表现出了同样的空间差异性。

从日最高气温和日最低气温来看，河源区的那曲站平均日最低气温的变化幅度最大，20 世纪 60 年代该站的冬季平均日最低气温为 −22.9℃，而 21 世纪前 10 年则为 −17.4℃，近 50 年冬季平均日最低气温的增加幅度高达 1.25℃/10a。

表 6.3 怒江流域中上游枯季气温变化率 单位：℃/10a

项　目		那曲站	索县站	丁青站	贡山站
冬季	平均气温	0.81②	0.38①	0.37②	0.16
	平均日最低气温	1.25②	0.51②	0.42②	0.14②
	平均日最高气温	0.36	0.31	0.36②	0.39①
春季	平均气温	0.37②	0.21①	0.16	0.13
	平均日最低气温	0.73②	0.32②	0.26②	0.26②
	平均日最高气温	0.13	0.15	0.07	0.22

①　通过 $\alpha=0.05$ 置信水平。

②　通过 $\alpha=0.01$ 置信水平。

从河源到中游，冬季和春季的日最低气温的增加幅度逐渐减小。对于春季气温来说，虽然丁青站和贡山站平均气温的增加趋势不显著，但中上游各个站日最低气温的增加趋势均为极显著。从整体上看，怒江流域中上游冬季和春季的平均日最低气温增加幅度较大，且增加趋势均为极显著，而平均日最高气温的增加趋势则多不显著，平均气温的增加在很大程度上是由于夜间温度的增加所致。在全球陆面温度的升高过程中，多数地区最低温度的增大明显高于最高温度，表现出一种日夜增暖的不对称性，使得日温差变小（Karl T R 等，1991，1993），可以看出，怒江流域上游气温亦表现出这样的变化。

6.3.2　降水量变化

表 6.4 为不同年代怒江流域中上游典型代表站春季及冬季降水量距平，可以看出，20 世纪 60 年代、70 年代怒江流域中上游冬季降水量均偏少，而 20 世纪 90 年代和 21 世纪前 10 年冬季降水量则较平均值高。另外，20 世纪 60 年代怒江流域上游 3 站春季降水量均较平均值少 20% 以上，而 21 世纪前 10 年则远高于其他年代、那曲站、索县站和丁青站 21 世纪前 10 年的春季降水量距平分别为 54.4%、

表 6.4 怒江流域中上游冬季及春季降水量距平

季节	站名	降水量距平/%					平均降水量/mm
		20 世纪 60 年代	20 世纪 70 年代	20 世纪 80 年代	20 世纪 90 年代	21 世纪前 10 年	
冬季	那曲	−49.4	−38.6	12.8	51.8	23.4	8.1
	索县	−46.1	−15.7	−7.7	42.3	27.3	16.0
	丁青	−23.4	−8.9	9.3	18.2	4.9	14.2
	贡山	−14.7	−0.9	5.8	0.6	9.2	220.2
春季	那曲	−22.3	−17.1	−8.1	−6.8	54.4	45.8
	索县	−20.4	2.5	−12.2	−5.6	35.6	79.3
	丁青	−26.5	4.9	1.2	2.4	18.0	93.2
	贡山	−20.3	−2.8	13.2	13.4	−3.5	570.0

35.6%和18.0%。丁一汇等（2008）对1961—2006年青藏高原地区降水变化进行了分析，结果表明20世纪70年代初期之前，青藏高原地区春季降水量以偏少为主，而90年代中期之后，该地区春季降水量则以偏多为主，近50年怒江流域上游春季降水量的变化与青藏高原地区较为一致。

近50年来，怒江流域中上游大部分站点年降水量有增加的趋势，然而此趋势大多不显著（表6.5）。从枯季降水量的变化来看，各站点春季和冬季降水量均有增加的趋势，上游那曲站、索县站和丁青站春季降水量的增加幅度较大，介于6.5~7.7mm/10a，且增加趋势均为极显著。

表6.5　　　　　　　　怒江流域中上游降水量变化率　　　　　　单位：mm/10a

项　目	那曲站	索县站	丁青站	贡山站
年降水量	13.4[①]	6.4	−5.0	25.5
冬季降水量	1.8[②]	3.0[②]	1.3	10.8
春季降水量	6.5[②]	7.1[②]	7.7[②]	19.9

① 通过 $\alpha=0.05$ 置信水平。
② 通过 $\alpha=0.01$ 置信水平。

6.4　怒江流域中上游枯季径流量变化特征

6.4.1　季节径流变化

从道街坝站不同年代冬季及春季的径流量（表6.6）来看，20世纪90年代和21世纪前10年的冬季及春季径流量均大于其他3个年代。其中，20世纪90年代和21世纪前10年冬季径流量的距平分别为7.3%和10.7%，而20世纪90年代春季径流量的距平为16.8%，远高于多年平均值。

表6.6　　　　　　　道街坝站不同年代冬、春季径流量变化

季　节	径流量距平/%					平均径流量/(m³/s)
	20世纪60年代	20世纪70年代	20世纪80年代	20世纪90年代	21世纪前10年	
冬季	−3.7	−5.9	−8.3	7.3	10.7	455.9
春季	−13.5	−1.8	−2.8	16.8	1.3	991.2

图6.2为道街坝站枯季流量的变化情况。近50年来，怒江流域道街坝站冬季和春季平均流量都有增加趋势，且增加趋势分别达到了 $\alpha=0.01$ 和 $\alpha=0.05$ 的显著水平，而增长率则依次为18 (m³/s)/10a 和44 (m³/s)/10a。春季径流量的

增大在青藏高原其他地区亦有所体现，曹建廷等综合分析了青藏高原主要河流1956—2000年径流量的变化，结果表明长江上游、黄河上游、雅砻江及澜沧江春季径流量存在较为明显的增加趋势。

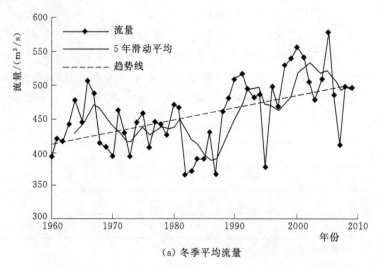

(a) 冬季平均流量

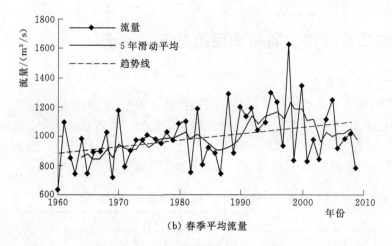

(b) 春季平均流量

图 6.2　道街坝站枯季流量变化

6.4.2　枯季极值径流量变化

为了探讨近50年来怒江流域枯季极值流量的演变，对道街坝站年最小1d、7d、30d及90d流量的变化进行分析，结果如图6.3所示。可以看出，道街坝站年最小1d、7d、30d及90d流量均有显著的增加趋势（$\alpha=0.01$）。20世纪90年代和21世纪前10年中大部分年份的年最小1d、7d、30d及90d流量远高于其他年代。以年最小1d流量为例，在1960—2009年期间，道街坝站共有10年的年

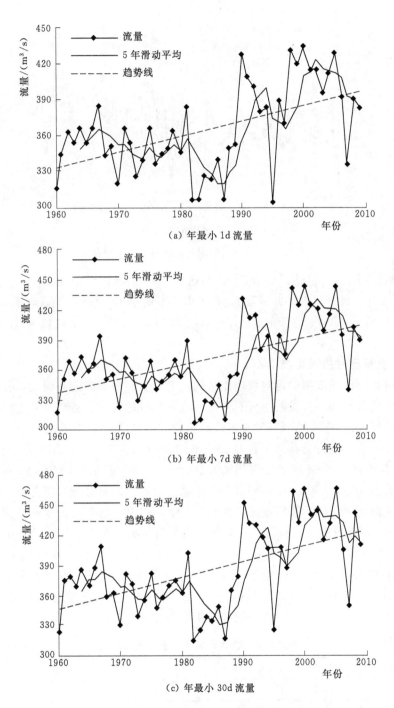

(a) 年最小 1d 流量

(b) 年最小 7d 流量

(c) 年最小 30d 流量

图 6.3（一） 道街坝站枯季极值流量变化

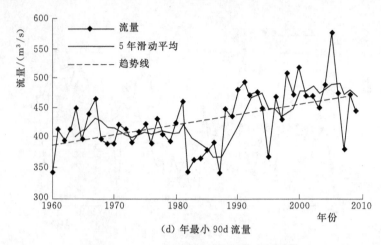

(d) 年最小 90d 流量

图 6.3（二）　道街坝站枯季极值流量变化

最小 1d 流量达到或超过了 400m³/s，而这 10 年全部都位于 20 世纪 90 年代和 21 世纪前 10 年；此外，在研究时段的 50 年中，年最小 1d 流量小于或等于 350m³/s 的共有 20 年，其中位于 20 世纪 90 年代和 21 世纪前 10 年的仅有 1995 年和 2007 年。

6.4.3　流量历时曲线比较

流量历时曲线根据给定时段内流域的流量及其相对历时绘制而成，表示该时段内大于或等于某一流量的时间百分比，能够很好地说明径流量的分配特征（穆兴民等，2008）。在水资源开发和生态环境保护等工作中，常采用流量历时曲线对枯水径流特征进行分析，所使用的流量特征指标主要有保证率为 75％、90％ 和 95％等的日平均流量（分别用 $Q75$、$Q90$ 和 $Q95$ 表示）（Smakhtin V U，2001；黄国如等，2005）。本书利用 50 年来的道街坝站日平均径流资料，绘制各个年代流量历时曲线，获得不同年代 $Q75$、$Q90$ 和 $Q95$ 等各保证率流量值，结果见表 6.7。可以看出，道街坝站不同年代流量特征差距较大，20 世纪 90 年代和 21 世纪前 10 年的 $Q75$、$Q90$ 和 $Q95$ 远高于此前的 20 世纪 60 年代、70 年代和 80 年代，以 $Q75$ 为例，20 世纪 60 年代、70 年代和 80 年代道街坝站的 $Q75$ 分别为 489m³/s、510m³/s 和 488m³/s，而 20 世纪 90 年代和 21 世纪前 10 年则分别为 577m³/s 和 563m³/s，较之前的 3 个年代高 10％～18％。

表 6.7　　　　　　道街坝站不同年代枯水流量特征指标值　　　　　　单位：m³/s

时段	20 世纪 60 年代	20 世纪 70 年代	20 世纪 80 年代	20 世纪 90 年代	21 世纪前 10 年
$Q75$	489	510	488	577	563
$Q90$	383	381	359	438	448
$Q95$	364	359	338	407	417

6.5 小结

（1）近 50 年来，怒江流域中上游冬季和春季气温均有上升趋势，冬季的增加幅度高于春季，且变暖的幅度一般随海拔升高而增大，河源区那曲站冬季平均气温的增加幅度达到了 0.81℃/10a；此外，怒江流域中上游冬季和春季的平均日最低气温增加幅度较大，且增加趋势均为极显著，而平均日最高气温的增加趋势则多不显著，平均气温的增加在很大程度上是由于夜间温度的增加。对于降水量而言，各站点春季和冬季降水量均有增加的趋势，上游那曲站、索县站和丁青站春季降水量的增幅介于 6.5～7.7mm/10a，且增加趋势均为极显著。

（2）怒江流域枯季径流在近 50 年来发生了较为明显的变化。近 50 年来，怒江流域道街坝站冬季和春季平均流量都有显著的增加趋势（分别达到了 $\alpha=0.01$ 和 $\alpha=0.05$ 的显著水平），增长率分别为 18（m^3/s）/10a 和 44（m^3/s）/10a。此外，无论是年最小 1d、7d、30d 及 90d 流量等枯季极值径流量，还是 75%、90%和 95%等不同保证率枯水径流特征值，20 世纪 90 年代和 21 世纪前 10 年均远高于其他年代，说明 20 世纪 90 年代以来怒江流域中上游枯水径流量有较为明显的增加。

（3）怒江流域中上游枯季径流量的增加，与冬季和春季气温及降水量增加有一定关系。首先，怒江中上游地区尤其是冬季及春季降水较大的贡山、福贡一带降水量的增多将使枯季径流量增加；其次，气温的上升将加速融雪融冰形成径流的过程；最后，怒江流域上游冬季径流补给以地下水为主，冻土退化对枯季径流量及其分配将会造成一定影响。

第 7 章

怒江流域水文模型构建

流域数据库和水文模型的构建是流域水文模拟的基础。怒江流域面积和南北跨度大,上游西藏段冰川冻土广泛分布,气候和水文特征与下游云南段峡谷区迥异。将整个怒江流域作为一个整体进行水文模拟,在数据收集处理及模型参数率定等方面存在很大困难,因此本书中的流域数据库与水文模型构建仅针对怒江流域云南段。其中,流域数据库包括空间数据库和属性数据库,流域 SWAT 分布式水文模型构建主要包括模型的参数敏感性分析和参数率定与验证。

7.1　水文模型的比选

7.1.1　水文模型的发展

水文模型是探索和认识水循环与水文过程的重要手段,也是解决水文预报、水资源规划与管理、水文分析与计算等实际问题的有效工具(徐宗学,2010)。水文模型的发展最早可以追溯到 1851 年 Mulvaney 提出的推理公式,但由于缺乏计算机技术的支撑,至 20 世纪初仍未取得突破性进展。20 世纪 50 年代中期,伴随计算机的出现,科研人员开始把流域水文循环的各个环节作为一个整体来研究,并提出了“流域水文模型”的概念(王中根,2003)。20 世纪 60 年代,计算机技术的发展为水文模型的快速发展奠定了基础。水文学家将计算机技术与水文实验结合起来,通过模拟水文过程探索水文变化规律及其与影响因子之间的关系构建水文模型结构、参数及算法,水文模型开始得以快速发展,涌现出如美国的 SWM 模型、Sacrament 模型、SCS 模型,澳大利亚的 Boughton 模型,欧洲的 HBV 模型,日本的水箱模型以及我国的新安江模型等(吴险峰,2002)。20世纪 90 年代以来,在计算机技术、遥感(RS)技术、地理信息系统(GIS)技术快速发展的支撑下,学科交叉快速发展,为分布式水文模型的发展带来了新的机遇,该时期发展起来的常见分布式水文模型有美国的 SWAT 模型、SWMM模型、VIC 模型,欧洲的 IHDM 模型、SHE 模型和 TOPMODEL 模型等。同时,伴随着气候变化、人类活动等水文过程影响因子日趋复杂,传统的集总式水文模型已难以满足不同领域的研究需求,分布式水文模型逐步成为研究气候及土地利用/覆被变化的水文响应、面源污染过程模拟、梯级水库优化调度、流域水资源综合管理等重大科学问题不可或缺的工具。分布式水文模型是基于"3S"数据和技术，把流域水文循环作为研究对象，考虑水文物理过程的变量、要素等空间变异性的水文数学模型，分布式水文模型所揭示的水文物理过程更接近客观世界，在研究人类活动和自然变化对区域水循环时空过程的影响、水资源形成与演变规律等方面具有独特的优势，是水文模型发展的必然趋势（徐宗学，2010）。与传统的集总式水文模型相比，分布式水文模型"能够反映水文要素在空间上的变化，能够进行下垫面变化条件下的计算，特别是它具有更多的模拟功能，即能够把单一水量变化的模拟扩大到广泛的水文水资源与生态环境问题模拟，并且可通过尺度转换与大气环流模式耦合来预测全球变化对水资源的影响，从而纳入全球变化水文研究的前沿"（刘昌明等，2006）。

　　国内分布式水文模型的研究起步于 20 世纪 90 年代。沈晓东等（1995）提出了基于栅格 DEM 的坡面产汇流与河道汇流的动态分布式降雨径流流域模型；郭生练等（2000）建立了基于 DEM 的分布式流域水文物理模型；任立良等（2000）建立了考虑流域空间变异性的数字高程流域水系模型；张成才等（2002）进行了基于 DEM 模型的流域参数识别方法研究；牛振国等（2002）建立了参考作物蒸散量的分布式模型；王中根等（2002）提出了基于 DEM 的分布式水文模型构建方法。

7.1.2　SWAT 模型及应用

　　SWAT（Soil and Water Assessment Tool）模型由美国农业部（USDA）农业研究中心的 Jeff Amonld 于 1994 年开发，模型开发的最初目的是预测在大流域复杂土壤类型、土地利用方式和管理措施条件下土地管理对水分、泥沙和化学物质的长期影响。SWAT 模型是一种基于 GIS 基础之上的分布式流域水文模型，可利用遥感和地理信息系统提供的空间信息模拟多种不同的水文物理化学过程，如水量、水质以及污染物输移与转化过程。模型由 701 个方程、1013 个中间变量组成，可以模拟流域内多种水循环过程。模拟过程可以分成两个部分：亚流域模块控制着每个亚流域主河道的水、沙、营养物质和化学物质等的输入量，汇流演算模块决定水、沙等物质从河网向流域出口的输移运动（王中根，2003）。SWAT 模型是物理机理比较完善的分布式水文模型，需要输入的参数和数据繁多，主要包括 DEM 数据、气象水文数据、土壤类型及理化性质、土地利用图等，模拟精度很大程度上取决于数据的丰富程度。SWAT 模型采用模块化编程，由各水文计算模块实现各水文过程模拟功能，其源代码公开，方便用户对模型进行改进和维护（陈强等，2010）。

　　SWAT 模型自开发以来，在北美、欧洲等地取得了广泛的应用和验证（F Bouraoui 等，2005；M P Tripathi 等，2002；T A Fontaine 等，2005；Jesse D Schomberg 等，2005；S Behera 等，2006；Roberta Salvetti 等，2006；N Kannan 等，2007；Eileen Chen 等，2004；Mazdak Arabi 等，2006；V Chaplot，2005），并在应用中不断改进，经历了几个版本的修改补充后已日趋完善。国内

引进该模型较晚，但在流域水文过程模拟、面源污染模拟等方面得到了十分广泛的应用（张银辉等，2002；吴险峰，2002；梁犁丽等，2007；朱新军等，2006；刘昌明等，2003；桑学锋等，2008；代俊峰等，2009a，2009b；王艳君等，2009；张利平等，2009；徐宗学，2010），一些学者也对模型应用中的经验和问题进行了较为深入的探讨（庞靖鹏等，2007；吴军等，2007；李峰等，2008；王艳君，2008；欧春平等，2009）。鉴于 SWAT 模型应用的成熟性和研究区水文过程影响因子复杂的实际情况，本书选用 SWAT 模型对怒江流域云南段进行水文过程模拟研究。

7.2　流域数据库构建

7.2.1　数据来源

　　本书所使用的数据包括空间数据和属性数据两类。其中，空间数据包括流域 1:20 万 DEM 数据、1:20 万水系图、1:100 万土壤图、1:10 万土地利用图（1986 年和 2000 年），属性数据库包括流域水文数据（表 4.1）、1980—2009 年气象数据以及全国第二次土壤普查成果中的土壤属性数据。土地利用图和土壤图结合 DEM 数据进行了相应变换，以满足 SWAT 模型输入要求。水文数据、气象数据、土壤属性数据根据 SWAT 模型的要求进行了整理。怒江干流木城站云南段径流量和输沙量根据该站实测值与西藏和云南交界断面径流量和输沙量之差计算，交界断面径流量和输沙量根据贡山站数据资料通过集水面积内插得到。

7.2.2　空间数据库

7.2.2.1　DEM 数据与水系图

　　数字高程模型（Digital Elevation Model，DEM）数据是对地貌形态空间分布的虚拟表示，包含高程、坡度、坡向及坡度变化率等多种地形地貌信息，是 SWAT 模型必不可少的空间数据。怒江流域云南段 DEM 影像如图 7.1 所示，怒江流域云南段坡度分布统计见表 7.1。

表 7.1　　　　　　　　　　　怒江流域云南段坡度分布统计

坡度/(°)	面积/km²	比例/%	坡度/(°)	面积/km²	比例/%
<2	1047.28	3.49	15~25	5953.58	19.84
2~6	2106.56	7.02	>25	16015.24	53.37
6~15	4885.29	16.28	合计	30007.95	100

　　考虑到 DEM 数据提取水系过程中对洼地和平地的处理误差，利用云南省水系图对 DEM 数据提取的水系进行修正。修正后的怒江流域云南段水系如图 7.2 所示。

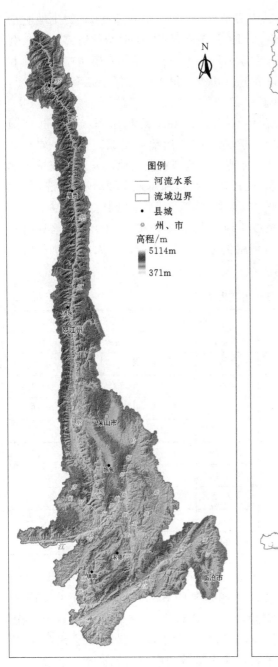

图 7.1 怒江流域云南段 DEM 影像　　　图 7.2 修正后的怒江流域云南段水系图

7.2.2.2 土地利用图

土地利用资料为中国科学院遥感中心解译的 1986 年和 2000 年的土地利用图。由于获得的土地利用图中的土地利用类型与 SWAT 模型运行所需的土地利用类型存在差异，故将获得的研究区土地利用类型按照 SWAT 模型中的土地利用类型进行重新分类，然后用流域边界进行切割，得到研究区土地利用类型图，并将其转化为 Grid 格式，以备模型输入。

由 1986 年、2000 年土地利用统计（表 7.2）和土地利用图（图 7.3 和图 7.4）可知，流域土地利用比例为林地＞草地＞农业用地＞水域＞裸地＞农村居民点＞城镇用地＞其他建设用地，其中林地、草地和农业用地面积占全流域土地面积的 98.97％。流域土地利用景观较为破碎，林地和草地主要分布在坡度较大的区域，各类建筑用地主要集中在平坝或河谷区域，农业用地主要分布在平坝区域，但部分坡度较大的山区仍有零星坡耕地分布。从 1986—2000 年土地利用变化情况来看，林地是减幅最大的土地利用类型，草地是增幅最大的土地利用类型，总体来看，土地利用变化很小。

表 7.2　　　　　　　　　怒江流域云南段土地利用类型及其变化

土地利用类型	1986 年		2000 年		1986—2000 年变化	
	面积/hm²	比例/％	面积/hm²	比例/％	面积/hm²	比例/％
农业用地（AGRL）	414773.43	13.82	422136.13	14.07	7362.70	0.25
林地（FRST）	1642462.88	54.73	1606786.61	53.55	−35676.27	−1.19
草地（PAST）	914029.86	30.46	940819.33	31.35	26789.47	0.89
裸地（SWRN）	6359.89	0.21	6359.62	0.21	−0.27	0.00
城镇用地（URMD）	1249.75	0.04	2423.19	0.08	1173.44	0.04
农村居民点（URML）	5470.69	0.18	5679.15	0.19	208.46	0.01
其他建设用地（UIDU）	399.34	0.01	522.00	0.02	122.66	0.00
水域（WATR）	16049.33	0.53	16069.14	0.54	19.81	0.00
总　　计	3000795.17	100	3000795.17	100	0.00	0.00

7.2.2.3 土壤图

土壤数据缺乏及土壤种类的不匹配问题是制约 SWAT 模型应用的障碍之一。目前许多研究根据已有的土种赋值，并将其转化为 Grid 格式后进行重分类，得到 SWAT 模型所需的土壤图。本书利用已有土壤资料，根据 SWAT 模型对土壤数据库结构特征的要求，重新构建土壤数据库。为提高模拟精度，将土壤分类精确到亚类。研究区土壤类型统计见表 7.3，土壤种类分布如图 7.5所示。

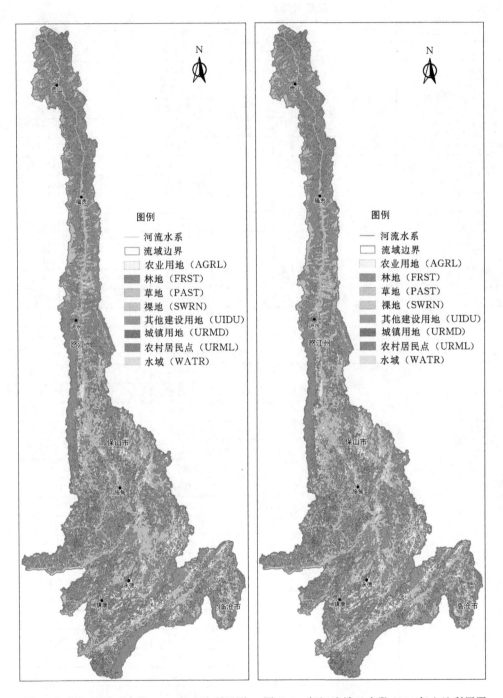

图 7.3　怒江流域云南段 1986 年土地利用图　　图 7.4　怒江流域云南段 2000 年土地利用图

表 7.3　　　　　　　　　　　　怒江流域云南段土壤类型统计

序号	土纲	土纲代码	土类	土类代码	亚类	亚类代码	土壤代码
1	淋溶土	10	棕色针叶林土	10	棕色针叶林土	1	23110101
2			黄棕壤	12	黄棕壤	1	23110121
3					暗黄棕壤	2	23110122
4					黄棕壤性土	3	23110123
5			棕壤	14	棕壤	1	23110141
6			暗棕壤	15	暗棕壤	1	23110151
7	半淋溶土	11	燥红土	10	燥红土	1	23111101
8					淋溶燥红土	2	23111102
9					褐红土	3	23111103
10	初育土	15	新积土	12	冲积土	3	23115123
11			石灰(岩)土	15	石灰(岩)土	1	23115151
12					红色石灰土	2	23115152
13					棕色石灰土	4	23115154
14					黄色石灰土	5	23115155
15			紫色土	17	紫色土	1	23115171
16					酸性紫色土	2	23115172
17					中性紫色土	3	23115173
18	人为土	19	水稻土	10	水稻土	1	23119101
19					渗育水稻土	4	23119104
20					潜育水稻土	5	23119105
21	高山土	20	草毡土	10	草毡土	2	23120102
22			黑毡土	11	黑毡土	2	23120112
23					棕黑毡土	4	23120114
24			寒冻土	17	寒冻土	1	23120171
25	铁铝土	21	砖红壤	10	砖红壤	1	23121101
26					黄色砖红壤	2	23121102
27			赤红壤	11	赤红壤	1	23121111
28					黄色赤红壤	2	23121112
29					赤红壤性土	3	23121113
30			红壤	12	红壤	1	23121121
31					黄红壤	2	23121122
32					棕红壤	3	23121123
33					红壤性土	5	23121125
34			黄壤	13	黄壤	1	23121131
35					黄壤性土	4	23121134
36	湖泊、水库	24	湖泊、水库	10	湖泊、水库	1	23124101

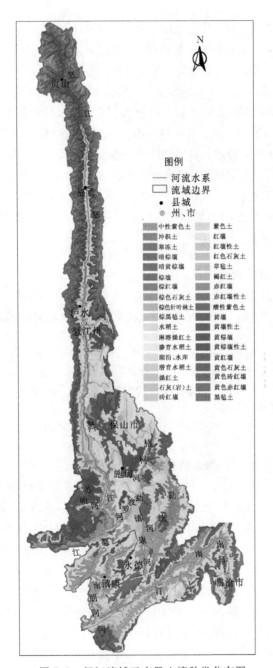

图 7.5 怒江流域云南段土壤种类分布图

7.2.3 属性数据库

7.2.3.1 气象数据库

SWAT 模型输入气象数据主要为逐日相对湿度、太阳辐射量、平均风速、最高最低气温以及降水量等 5 类，当以上输入数据缺测时，可借助 SWAT 模型中的"天气发生器（WXGEN）"进行预测。WXGEN 中的 168 个参数根据美国及其周边 1041 个气象站的数据计算得到，与研究区气象背景存在差异，因此美国以外的研究区需要自建 WXGEN 数据库，根据日相对湿度、太阳辐射量、平均风速、最高最低气温以及降水量等数据计算 WXGEN 参数。在数据处理时，缺测数据用"－99"代替，SWAT 模型会自动识别。我国的气象站监测要素一般包括日降水量、日最高和最低气温、日平均风速、相对湿度、日照时数等。由于太阳辐射量没有直接观测，需要通过日照时数计算得到。太阳辐射量计算为

$$R_s = (0.25 + 0.75 \times ST \times 0.1/N) \times RA \times 0.8$$

式中：R_s 为 SWAT 的太阳辐射量；ST 为日照时数；N 为日长时间；RA 为大气顶层太阳总辐射量。

$$N = 24.0 \times OMGS/PAI$$

式中：$OMGS$ 为地球自转角速度；PAI 为 π 常数，取 3.14。

$$RA = 24 \times 60 \times GSC \times DR \times MIDCON/PAI$$

式中：GSC 为太阳常数，取 0.082；DR 为地球轨道偏心率矫正因子；$MIDCON$ 为中间变量。

$$OMGS = \cos[-\tan(LAT \times PAI/180.0) \times \tan(DLT)]$$

式中：LAT 为气象站所在纬度；DLT 为太阳赤纬。

$$DR = 1 + 0.033 \times \cos(2 \times PAI \times JUL/360)$$

式中：JUL 为序列日。

$$MIDCON = OMGS \times \sin(FI) \times \sin(DLT) + \cos(FI) \times \cos(DLT) \times \sin(OMGS)$$
$$DLT = 0.409 \times \sin(2 \times PAI \times JUL/365.0 - 1.39)$$

　　本书获取了研究区及其周边的贡山、泸水、怒江州、保山市、临沧市、耿马共 6 个气象站逐日观测数据和研究区内 71 个雨量站逐日观测数据。按照 SWAT 模型对输入数据的要求，气象数据统一按照 1980—2009 年逐日数据进行统计，在部分站点缺测时段用"－99"代替。气象站和雨量站分布如图 7.6 所示。

　　研究区降水空间分布采用泰森（Thiessen）多边形法进行插值得到。泰森多边形法由荷兰气候学家 A H Thiessen 于 1911 年提出，又称为垂直平分法或加权平均法，是一种通过离散雨量站点的降雨量来计算整个区域平均降雨量的计算方法（王利娜等，2016）。泰森多边形法首先将相邻的任意两个离散站点相连形成若干个三角形，再对各三角形的三边分别作垂线，垂线相交可形成若干个不规则的多边形，即泰森多边形。每个泰森多边形中都存在唯一的站点，这个站点所观测的降雨量代表其所处泰森多边形的降雨量。其次，计算该多边形的面积与流域面积之比，作为各泰森多边形的降雨权重系数。最后，用各站点雨量加权求和得到区域平均降雨量或面雨量。

　　由图 7.7 可知，怒江干流云南段上游贡山地区和下游支流苏帕河流域降水量

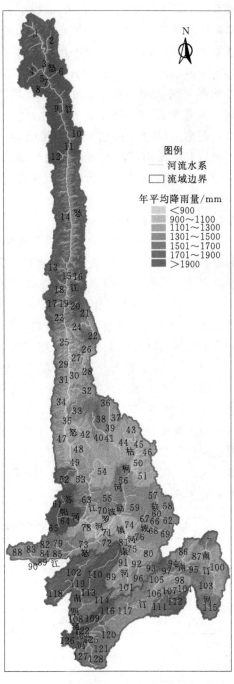

图 7.6　怒江流域云南段及其周边
气象站和雨量站分布图

图 7.7　怒江流域云南段年平均降水量
空间分布图

较大，平均年降水量在1700mm以上；中游潞江坝干热河谷降水量较小，平均年降水量不足1000mm。支流南汀河流域下游降水量较大，大部分平均年降水量在1500mm以上；中上游降水量相对较小，大部分平均年降水量在1500mm以下。怒江流域云南段降水空间分布格局与西南季风强弱及纵向岭谷地形密切相关。在干流中下游及支流南汀河流域，西南季风沿峡谷从下游向上游逐步减弱，降水量也随之减少，而上游贡山地区降水量较大与其西面垭口西南季风进入密切相关。经统计，1980—2009年怒江流域云南段、干流云南段和支流南汀河流域面雨量分别为1336.7mm、1239.3mm和1595.5mm，大于全省平均降雨量，其中支流南汀河流域降雨量较大，属于滇西降雨较丰富的区域。

7.2.3.2 土壤数据库

（1）土壤类型和粒径。SWAT模型要求的土壤数据库主要包括土壤的物理属性和化学属性。物理属性主要包括每种土壤类型的土层厚度、最大根系深度、土壤容重、有机质、饱和导水率、田间有效持水量、凋萎系数、可利用有效水量和土壤饱和导水率等。土壤的化学属性主要包括每种土壤类型中各种形态的N、P含量。SWAT模型自带的土壤数据库是美国土壤数据库，难以直接应用，应根据研究区实际土壤类型自建土壤属性数据库。怒江流域云南段共有7个土纲、18个土类、36个亚类，从全国第二次土壤普查成果《云南土壤》中可获取相应的土壤粒径等土壤理化性质。由于《云南土壤》采用卡钦斯基制进行土壤粒径分级，与美制SWAT土壤粒径分级存在差异，为得到各种土壤详细的粒径分布，需要对土壤粒径进行插值计算。土壤粒径插值方法通常有直线插值法、二次样条插值法和三次样条插值法，其中三次样条插值法精度最高（蔡永明等，2003）。本书采用三次样条插值法，利用MATLAB软件编程进行土壤粒径插值计算，结果见表7.4。

表7.4　　　　　　怒江河谷黄红壤第一层土壤粒径三次样条转换结果

卡钦斯基制土壤粒径分级		美制SWAT土壤粒径分级	
粒径范围/mm	含量/%	粒径范围/mm	含量/%
<0.001	5.12	<0.002	10.34
0.001~0.005	15.37	0.002~0.005	10.15
0.005~0.01	6.15	0.005~2	79.51
0.01~0.05	31.77	≥2	0
0.05~0.25	22.59	—	—
0.25~1	19.00	—	—

（2）其他土壤理化性质。土壤饱和导水率、饱和含水率、有效水分、凋萎点、田间持水量等是水文模拟中的关键因子，直接影响径流模拟的精度。由于缺乏实测数据，这些参数取值利用 SPAW Hydrology 软件估算。该软件由美国华盛顿州立大学根据美国农业部和国家实验室提供的 1722 个土壤样本调查数据开发，可通过选择修改有机质含量、盐度、砾石含量和压实密度估算土壤水文持水特性、传输特性和土壤水分张力系数等。估算结果为多个同类土壤样品的统计平均值，如果有研究区土壤样品的实验数据，可对土壤参数进行校准。SPAW Hydrology 软件界面如图 7.8 所示。

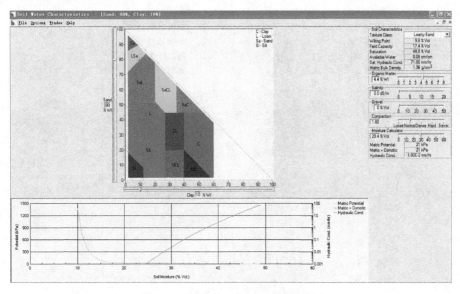

图 7.8　SPAW Hydrology 软件界面

（3）土壤水文分组。土壤水文分组是 SWAT 模型中另一项重要的土壤参数。根据土壤的渗透属性，SWAT 模型将土壤分为 A、B、C、D 共 4 类，A 类土壤渗透性最强，D 类土壤渗透性最弱。A 类土壤最小下渗率为 7.26～11.43mm/h，如厚层沙、厚层黄土、团粒化粉砂土；B 类土壤最小下渗率为 3.81～7.26mm/h，如薄层黄土、沙壤土；C 类土壤最小下渗率为 1.27～3.81mm/h，如黏壤土、薄层沙壤土；D 类土壤最小下渗率为 0～1.27mm/h，如塑性黏土、盐渍土。本书根据研究区各种土壤渗透特性将其归类。

7.2.4　子流域划分与水文响应单元生成

7.2.4.1　子流域划分

根据研究区 DEM 数据，子流域最小面积控制值设置为 SWAT 模型推荐的最小值 10057hm²，将怒江流域云南段共划分为 128 个子流域，如图 7.9 所示。

图 7.9　怒江流域云南段子流域划分

7.2.4.2 水文响应单元生成

水文响应单元（Hydrologic Response Unit，HRU）作为 SWAT 模型进行水文模拟的分析空间单元，是在子流域划分基础上进行的更具体划分。每个 HRU 内部具有相对单一的土地利用类型、土壤类型和坡度。HRU 划分通常有 3 种方式：①选择一个面积最大的土地利用类型、土壤类型和坡度特性的组合作为该子流域的代表，一个子流域即是一个 HRU；②把子流域划分为多个不同土地利用类型和土壤类型的组合（Multiple HRUs），即多个 HRU；③根据流域的地形特征将子流域划分为多个 HUR（Dominant HUR）（陆颖，2009）。本书采用第二种划分方式，土地利用类型、土壤类型和坡度的最小阈值分别设定为 20%、30%和 45%，将研究区划分为 324 个 HRU。

7.3 模型参数敏感性分析

7.3.1 敏感性分析原理与方法

SWAT 模型的参数敏感性分析是进行参数自动率定的前提，其功能在于判断哪些输入参数值的变动对输出结果的影响程度更大，以便在进行参数自动率定或手动率定时更有针对性，最终确定较敏感参数的取值，提高模型的运用效果。

SWAT 模型参数敏感性分析采用由 Morris 于 1991 年提出的 LH - OAT 灵敏度分析法，该方法兼备了 LH 抽样法和 OAT 敏感度分析法这两种方法的优点。LH 抽样法采用分层抽样，首先将每个参数分布空间等分成 m 个，每个值域范围抽样一次生成参数的随机值，再将参数进行随机组合，模型运行 m 次后，对其结果进行多元线性回归分析。LH 抽样法的主要缺点是多元回归分析的前提假设为线性变化，输出结果的变化并不总能明确地归因于某一特定输入参数值的变化（李慧等，2010）。OAT 灵敏度分析方法通过模型运行 $n+1$ 次获取 n 个参数中某个参数的灵敏度。由于模型每运行一次仅一个参数值存在变化，因此可以清楚地将输出结果的变化明确地归因于某一特定输入参数值的变化。OAT 灵敏度分析的缺点是某一特定输入参数值的变化引起的输出结果的灵敏度大小受到模型其他参数取值的影响。LH 抽样法和 OAT 敏感度分析法的结合能够有效地克服其各自的缺点，从而提高灵敏度分析结果的可靠性。为对参数敏感程度进行直观判断，在计算出参数敏感性指数后，根据其数值范围进行分类（表 7.5）。

表 7.5 参数敏感性分类

敏感性类别	敏感性指数	敏感性程度	敏感性类别	敏感性指数	敏感性程度
Ⅰ	≤0.05	低	Ⅲ	0.2~1.0	高
Ⅱ	0.05~0.2	中	Ⅳ	>1.0	极高

在 SWAT 模型参数灵敏度分析及参数自动率定时，输入的实测数据有两种类型，一种为逐日实测数据，另一种为逐月实测数据。当输入逐日实测数据时，只能输入一个要素（径流量或输沙量等）；当输入逐月实测数据时，可同时输入两个或多个要素。在输入逐日或逐月实测数据时，对输入数据格式有严格要求。输入逐日数据格式为：年（1X5i），日（2X3i），3X，实测值（1X11F.3），径流量单位为 m³/s，输沙量单位为 t/d。输入逐月数据格式为：年（1X5i），月（3X2i），3X，实测值（1X11F.3），径流量单位为 m³/s，输沙量单位为 t/mon。

7.3.2　参数敏感性分析结果

本书先输入逐日径流实测数据进行径流灵敏度分析和自动率定，然后再输入逐日输沙实测数据进行输沙灵敏度分析和自动率定。径流灵敏度分析结果见表 7.6，输沙灵敏度分析结果见表 7.7。

表 7.6　　　　　　　　　　径流灵敏度分析结果

参　　数	灵敏性排序	平均灵敏性指数	敏感性程度
Ch_N2（主渠道曼宁粗糙系数）	1	18.5	极高
Ch_K2（主渠道有效水力传导率）	2	1.23	极高
Alpha_Bf（基流 ALPHA 因子）	3	1.10	极高
Sol_K（土壤饱和水力传导度）	4	0.0754	高
Gwqmn（浅层蓄水层补偿深度）	5	0.0323	高
Esco（土壤蒸发补偿因子）	6	0.0223	高
Gw_Delay（地下水延迟天数）	7	0.0169	一般
Sol_Z（土壤层厚度）	8	0.0877	一般
Cn2（径流曲线系数）	9	0.0526	一般
Sol_Alb（潮湿土壤反照率）	10	0.0250	低
Sol_Awc（土壤层有效水容量）	11	0.00463	低
Epco（植物吸收补偿因子）	12	0.00224	低
Blai（叶面积指数）	18	0	低
Canmx（冠层最大截留量）	18	0	低
Gw_Revap（浅层地下水再蒸发系数）	18	0	低
Revapmn（浅层含水层阈值深度）	18	0	低
Surlag（地表径流滞后系数）	18	0	低

由径流敏感性分析结果（表 7.6）可知，Ch_N2、Ch_K2、Alpha_Bf 敏

感性极高，Sol_K、Gwqmn 和 Esco 敏感性高，Gw_Delay、Sol_Z 和 Cn2 敏感性一般，其他参数敏感性低。

由输沙敏感性分析结果（表 7.7）可知，Usle_P 和 Spcon 敏感性极高，Spexp 敏感性高，Usle_C 敏感性一般，其他参数敏感性低。

表 7.7 　　　　　　　　　　输沙灵敏度分析结果

参　　数	灵敏性排序	平均灵敏性指数	敏感性程度
Usle_P（水土保持措施因子）	1	4.83	极高
Spcon（泥沙携带线性指数）	2	3.28	极高
Spexp（泥沙携带幂指数）	3	0.794	高
Usle_C（水土保持管理因子）	4	0.0906	一般
Ch_Cov（河道受保护系数）	7	0	低
Ch_Erod（土壤侵蚀因子）	7	0	低

7.4　模型的参数率定与验证

SWAT 模型参数的合理取值十分重要。在参数敏感性分析后，需要对模型进行参数率定和验证，以检验和提高 SWAT 模型模拟精度。在参数率定时，必须使用实测数据对模拟过程加以引导，并根据模型运行结果及各参数与模拟对象之间的关系不断调整参数取值，直到模型模拟精度达到预期要求。SWAT 2009 版本的参数率定步骤为先进行自动率定，再进行手动参数调整。由于参数敏感性分析和自动率定计算量大，大流域一次运行一般耗时较长。若自动率定取得较好的效果，则率定结束；若自动率定没有取得令人满意的结果，则进一步通过手动参数调整来提高模拟精度。

7.4.1　模型参数率定与验证方法

研究区包括怒江干流流域和支流南汀河流域两个部分，为保证率定的参数对流域具有代表性，本书选取怒江干流出境代表站木城站和支流南汀河出境代表站大湾江站 2005—2009 年实测径流和输沙数据进行模型参数率定与验证。其中，2005—2007 年数据用于模型参数率定，2008—2009 年数据用于模型验证。设计模型径流和输沙模拟的总体误差控制在 20% 以内。模型参数率定过程中，尽量选择与径流和输沙关系密切的参数，以提高参数率定效率。

可能由于怒江流域面积大，内部自然条件差异明显的原因，参数自动率定模拟结果与实测数据存在较大差异（图 7.10 和图 7.11），故根据软件说明书中各参数与径流、输沙等模拟对象之间的关系及敏感性分析结果进行手动参数调整，

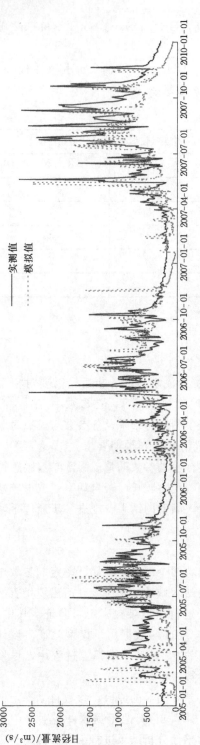

图 7.10　干流木城站参数自动率定日径流模拟与实测过程对比

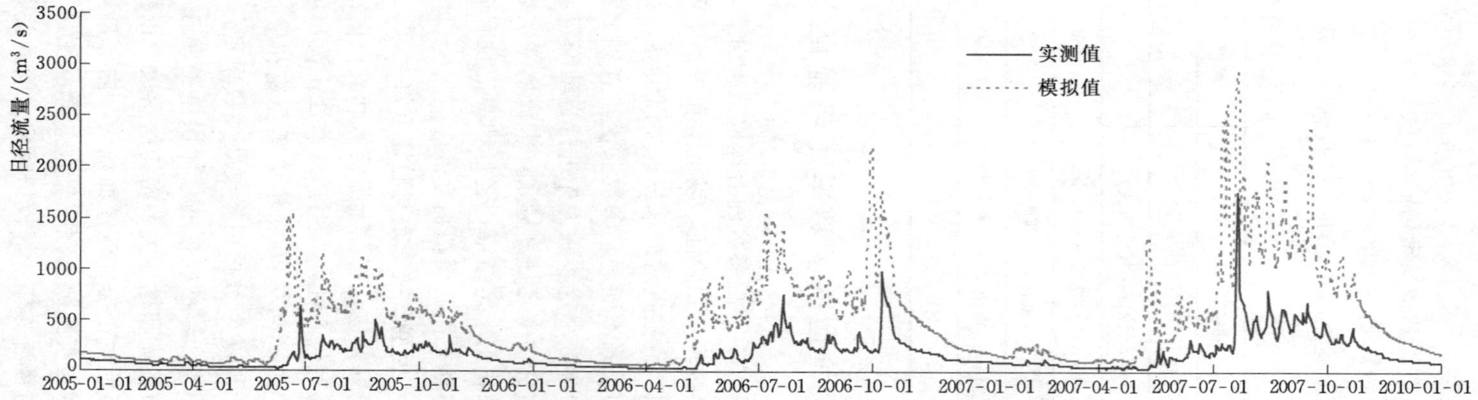

图 7.11　支流南汀河大湾江站参数自动率定日径流模拟与实测过程对比

但调整的参数可不局限于敏感性分析报告中的参数。输沙影响因子复杂，难以精确模拟，因此在率定过程中，先率定径流再率定输沙。在输沙率定时，由于对参数 Usle_P 和参数 Usle_C 进行调整径流也会发生相应的变化，故这两个参数不作调整，通过调整其他对输沙敏感的因子如 Spcon、Spexp 来提高输沙模拟精度。同时，由于支流南汀河单独出境且与怒江干流气候和地理条件存在较大差异，在手动调参时将其按各自所属的子流域划分开，以确保整个流域参数的准确性。

模型模拟精度达到要求即参数率定完成后，运用模型对验证期进行数值模拟，并将其与实测数据对比，以检验模型的模拟精度，即模型验证。模型验证最直观的方法是对模拟和实测的水文过程线进行对比，但为定量评价模拟精度，还需对模拟结果进行误差计算。常用的模型模拟精度评价的方法有误差（k）评定、确定性系数（R^2）评定和 Nash-Sutcliffe 效率系数（E_{NS}）评定，本书采用这 3 种方法和水文过程线作为衡量模型模拟精度的标准。k 越小，表明模拟精度越高。R^2 越高，表明模拟精度越高。相关研究认为（Hall M J，2001；Krause P 等，2005；秦福来等，2006），当 $E_{NS}>0.75$ 时，模拟精度高；当 $0.36 \leqslant E_{NS} \leqslant 0.75$ 时模拟精度较高；当 $E_{NS}<0.36$ 时，模拟精度较低。

误差计算公式为

$$k=\frac{S_{avg}-Q_{avg}}{Q_{avg}} \tag{7.1}$$

式中：k 为误差；Q_{avg} 为平均观测值；S_{avg} 模拟平均值。

k 越接近于 0，说明误差越小。

确定性系数计算公式为

$$R^2=\left[\frac{\sum\limits_{i=1}^{n}(Q_i-Q_{avg})(S_i-S_{avg})}{\sqrt{\sum\limits_{i=1}^{n}(Q_i-Q_{avg})^2}\sqrt{\sum\limits_{i}^{n}(S_i-S_{avg})^2}}\right]^2 \tag{7.2}$$

式中：Q_i 为观测值；S_i 为模拟值；n 为观测次数。

R^2 越接近于 1，说明模拟精度越高。

Nash-Sutcliffe 效率系数计算公式为

$$E_{NS}=1-\frac{\sum\limits_{i=1}^{n}(Q_i-S_i)^2}{\sum\limits_{i=1}^{n}(Q_i-Q_{avg})^2} \tag{7.3}$$

E_{NS} 越接近于 1，模型模拟精度越高，如果 E_{NS} 为负值，说明模型模拟值比直接使用观测值的算术平均值更不具有代表性。

7.4.2 模型参数率定与验证结果

由于处于流域南端的支流南汀河单独出境，且与干流气候和自然条件差异较大，在参数率定时应兼顾干流和支流南汀河的模拟精度。通过数百次手动调参，模型达到了令人满意的精度。模型参数率定过程及结果见表 7.8。

表 7.8　　　　　　　　　　模型参数率定过程及结果

参　数	计算方式	自动率定取值	大湾江站手动率定取值	木城站手动率定取值	最终取值
Alpha_Bf	替换原值	0.563	0.002	—	0.002
Biomix	替换原值	0.496	—	—	0.496
Blai	增加原值	4.986	—	—	4.986
Canmx	增加原值	10.155	—	—	10.155
Ch_K2	替换原值	76.586	20.000	25.500	25.500
Ch_N2	替换原值	0.497	0.100	0.068	0.068
Cn2	增加原值	49.569	—	—	49.569
Epco	增加原值	0.502	—	—	0.502
Esco	替换原值	0.505	—	—	0.505
Gw_Delay	增加原值	−0.190	60.000	—	60.000
Gw_Revap	替换原值	0.111	0.200	—	0.200
Gwqmn	替换原值	5.039	2000.000	—	2000.000
Revapmn	增加原值	2.073	500.000	—	500.000
Slope	增加原值	45.811	—	—	45.811
Slsubbsn	增加原值	12.519	—	—	12.519
Sol_Alb	增加原值	0.476	—	—	0.476
Sol_Awc	增加原值	−1.170	10.500	—	10.500
Sol_K	增加原值	1.386	5.570	—	5.570
Sol_Z	增加原值	−0.914	26.500	—	26.500
Surlag	替换原值	4.942	—	—	4.942
Tlaps	替换原值	5.061	—	—	5.061
Shallst	替换原值	—	1000.000	—	1000.000
Deepst	替换原值	—	1000.000	—	1000.000

参 数	计算方式	自动率定取值	大湾江站手动率定取值	木城站手动率定取值	最终取值
Gwqmn	替换原值	—	2000.000	—	2000.000
Rchrg_DP	替换原值	—	1.000	—	1.000
Gwht	替换原值	—	25.000	—	25.000
Gwspyld	替换原值	—	0.300	—	0.300
Usle_P	增加原值	—	1.000	—	1.000
Spcon	替换原值	—	0.001	—	0.001
Spexp	替换原值	—	1.000	—	1.000

为对模型径流和输沙模拟精度进行定量和直观的评价，采用误差（k）、确定性系数（R^2）、Nash‐Sutcliffe 效率系数（E_{NS}）和模拟与实测过程对比对模型率定期和验证期的精度进行检验。从模型精度分析结果（表 7.9～表 7.11）可知，怒江干流木城站和支流南汀河大湾江站月径流、月输沙和日径流模拟精度均较高。月径流模拟精度最高，k、R^2 和 E_{NS} 分别为 −0.080、0.964 和 0.918；月输沙模拟精度最低，k、R^2 和 E_{NS} 分别为 0.048、0.518 和 0.880；日径流模拟精度居中，k、R^2 和 E_{NS} 分别为 −0.082、0.887 和 0.813。干流径流和输沙模拟精度总体上均高于支流南汀河。

表 7.9　　　　　　　　　　　　模型模拟精度分析结果

时 段	变量	水文站点	k	R^2	E_{NS}
率定期 （2005—2007 年）	月径流	木城站	−0.043	0.984	0.974
		大湾江站	−0.040	0.928	0.819
	月输沙	木城站	−0.029	0.659	0.665
		大湾江站	0.090	0.393	0.946
	日径流	木城站	−0.049	0.926	0.920
		大湾江站	−0.039	0.762	0.530
验证期 （2008—2009 年）	月径流	木城站	−0.087	0.985	0.960
		大湾江站	−0.148	0.960	0.920
	月输沙	木城站	0.369	0.755	0.974
		大湾江站	−0.238	0.263	0.935
	日径流	木城站	−0.091	0.969	0.952
		大湾江站	−0.148	0.889	0.851

表 7.10 模型干支流模拟精度分析结果

时　段	水文站点	变量	k	R^2	E_{NS}
模拟期 （2005—2009 年）	木城站	月径流	−0.065	0.985	0.967
		月输沙	0.170	0.707	0.820
		日径流	−0.070	0.948	0.936
	大湾江站	月径流	−0.094	0.944	0.870
		月输沙	−0.074	0.328	0.941
		日径流	−0.094	0.826	0.691

表 7.11 模型变量模拟精度分析结果

时　段	变量	k	R^2	E_{NS}
模拟期 （2005—2009 年）	月径流	−0.080	0.964	0.918
	月输沙	0.048	0.518	0.880
	日径流	−0.082	0.887	0.813

干流木城站和支流南汀河大湾江站率定期（2005—2007 年）径流和输沙模拟与实测过程对比如图 7.12～图 7.17 所示，干流木城站和支流南汀河大湾江站验证期（2008—2009 年）径流和输沙模拟与实测过程对比如图 7.18～图 7.23 所示。

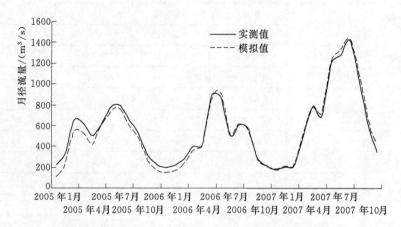

图 7.12　干流木城站率定期月径流模拟与实测过程对比

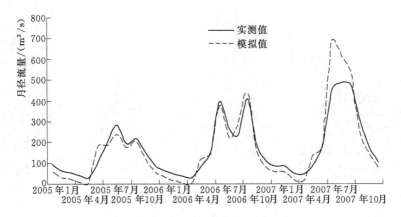

图 7.13 支流南汀河大湾江站率定期月径流模拟与实测过程对比

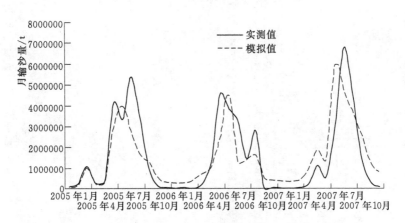

图 7.14 干流木城站率定期月输沙模拟与实测过程对比

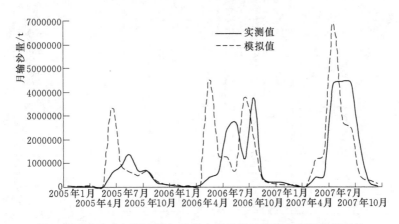

图 7.15 支流南汀河大湾江站率定期月输沙模拟与实测过程对比

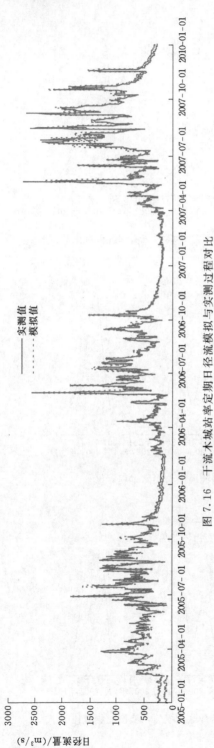

图 7.16 干流木城站率定期日径流模拟与实测过程对比

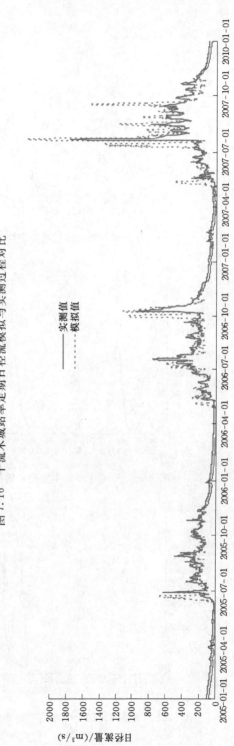

图 7.17 支流南汀河大湾江站率定期日径流模拟与实测过程对比

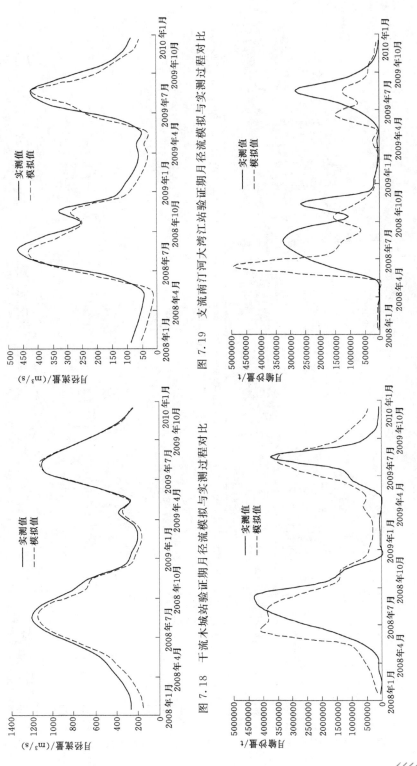

图7.18　干流木城站验证期月径流模拟与实测过程对比

图7.19　支流南汀河大湾江站验证期月径流模拟与实测过程对比

图7.20　干流木城站验证期月输沙模拟与实测过程对比

图7.21　支流南汀河大湾江站验证期月输沙模拟与实测过程对比

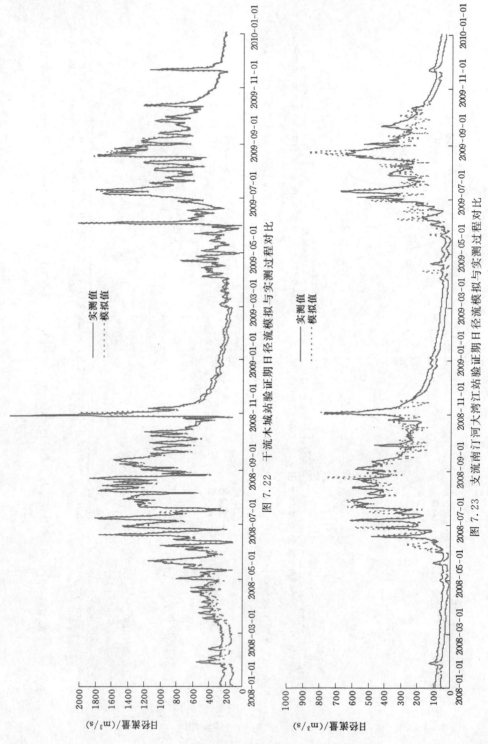

图 7.22 干流木城站验证期日径流模拟与实测过程对比

图 7.23 支流南汀河大湾江站验证期日径流模拟与实测过程对比

7.5 小结

分布式水文模型所揭示的水文物理过程更接近于客观实际，是水文模型发展的必然趋势。本书选用的 SWAT 模型是一种基于 ArcGIS 平台的典型分布式水文模型，近年来经过几个版本的完善后已非常成熟，在世界范围内得到了广泛应用。本书在流域 SWAT 模型构建过程中取得的主要成果如下。

（1）SWAT 模型所需的数据和参数较多，数据的丰富程度和精度直接影响模型模拟效果。本书收集的基础数据较为翔实，数据类型分为空间数据和属性数据两大类，空间数据主要包括 DEM 数据、水系图、土地利用分布图、土壤分布图等，属性数据主要包括气象数据、水文数据、土壤理化性质等。由于研究区范围大，相关基础资料获取难度大，DEM 数据、土地利用分布图和土壤分布图的比例尺较小，但对于大流域水文模拟，已经能够满足模型模拟要求。

（2）在模型需要输入的大量参数中，天气发生器和土壤属性数据难以直接获取，通常需要通过相关数据计算得到。本书利用气象数据计算得到天气生成器相关数据，采用三次样条插值的方法完成了土壤粒径分布的转换，并在此基础上利用 SPAW Hydrology 软件计算得到一些不能直接获取的土壤属性，为保证基础数据精度打下了坚实基础。

（3）为保证模型精度，采用 SWAT 模型推荐的最小值 $10057hm^2$ 将怒江流域云南段共划分为 128 个子流域，并在此基础上把土地利用类型、土壤类型和坡度的最小阈值分别设定为 20%、30% 和 45%，将研究区划分为 324 个水文响应单元（HRU）。

（4）模型参数率定是决定模型模拟效果的关键，而敏感性分析的功能在于判断哪些输入参数值的变动对输出结果的影响程度更大，以便在进行参数自动率定和手动率定时更有针对性。本书模型参数灵敏性分析采用常用的 LH-OAT 方法，由于参数自动率定结果与实测值相差较大，在此基础上再根据灵敏度分析结果经过数百次手动调参，取得了令人满意的模拟效果。模型模拟结果与实测过程对比及误差（k）、确定性系数（R^2）和 Nash-Sutcliffe 效率系数（E_{NS}）计算结果表明，构建的 SWAT 模型具有较高的模拟精度。总体来说，径流模拟精度高于输沙模拟精度，干流云南段模拟精度高于支流南汀河模拟精度。

第 8 章

怒江流域降水变化及其土壤侵蚀响应

在全球气候系统变暖的大背景下，水文循环过程改变不断引起水资源时空重新分配（van Vliet 等，2013；Arnell N W 等，2013；李峰平等，2013）。我国境内气候变化与全球变化趋势基本一致，但气温和降水变化区域分异明显（丁一汇等，2006）。青藏高原是全球气候变化的驱动机与放大器（冯松等，1998；潘保田等，1996），发源于青藏高原的大河流域气候变化对区域和全球气候变化具有指示性意义。降水变化是流域气候变化的主要衡量指标，也是流域水循环的关键环节，对流域水资源及生态系统具有重要影响。

以往研究主要侧重于青藏高原整体气候变化（冯松等，1998；潘保田等，1996；姜永见等，2012；郝振纯等，2010；李林等，2010；李潮流等，2006；丁一汇等，2008；吴绍洪等，2005；姚檀栋等，2000；林振耀等，1996），涉及怒江流域降水变化的研究相对较少，且多受观测站点数据获取所限，难以开展流域尺度降水变化定量研究。杜军等（2009）利用西藏怒江流域 9 个气象站资料研究表明，西藏怒江河谷盆地年降水量以 21.0mm/10a 的速率显著增加，各季降水量均呈现增加趋势；周刊社等（2010）利用西藏怒江流域 9 个气象站资料研究表明，流域年降水量呈不显著增加趋势，增幅为 13.7mm/10a；姚治君等（2012）利用怒江流域 6 个气象站资料研究表明，流域在 1958—2000 年呈增温增湿的趋势，年降水量增幅为6.0mm/10a，但在 1990—2009 年年降水量呈较为明显的减少趋势；樊辉等（2012）利用怒江流域及其毗邻地区 16 个气象站资料研究表明，流域年降水量总体有所增多，但变化趋势多不显著。罗贤等（2016）利用怒江流域中上游 4 个气象站资料研究表明，怒江流域中上游春季和冬季降水量均有增加的趋势。由于怒江流域上下游水汽通道存在较大差异，中下游高山峡谷段降水变化可能与上游西藏河谷盆地区域不一致。土壤侵蚀控制是流域综合治理的关键，而降水是流域土壤侵蚀的主要驱动力。本章利用怒江流域云南段及其毗邻地区 77 个站点 1980—2009 年雨量资料，研究该流域降水变化趋势，并通过怒江流域土壤侵蚀变化及其与降水量和降水年内分配的关系分析，初步掌握流域土壤侵蚀特征及其对降水的响应机制。

8.1 怒江流域云南段降水变化分析

利用第 7 章的研究区及其周边 6 个气象站和 71 个雨量站按照泰森多边形法

统计的流域 1980—2009 年面雨量结果，进行怒江流域云南段降水年际变化、年内分配及未来趋势变化分析。

8.1.1 降水年际变化

从图 8.1 可以看出，怒江流域云南段降水量呈下降趋势，而怒江流域上游西藏区域降水量呈显著增加趋势（杜军等，2009；周刊社等，2010），表明怒江流域上下游降水量变化趋势相反，这主要与怒江流域中下游云南段和上游西藏段水汽来源通道不同有关。怒江干流云南段、南汀河流域和怒江流域云南段面雨量减少速率分别达 29mm/10a、56mm/10a 和 37mm/10a，表明控制其降水量变化的西南季风呈明显减弱趋势。南汀河流域面雨量减少速率大于怒江干流云南段，表明西南季风减弱趋势在怒江流域南部的南汀河流域更为明显。

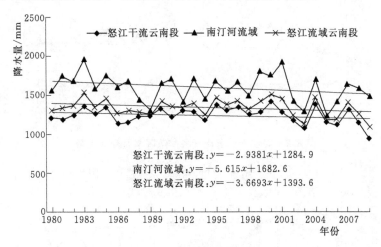

图 8.1 怒江干流云南段、南汀河流域、怒江流域云南段年降水量变化过程

8.1.2 降水年内分配

由表 8.1 可知，怒江流域云南段夏季降水量占全年降水量的 51.0%，表明该流域降水极不均匀；怒江干流云南段春季和冬季降水量略大于南汀河流域，秋季降水量略小于南汀河流域，夏季降水量明显小于南汀河流域，降水量差异主要

表 8.1 怒江干流云南段、南汀河流域、怒江流域云南段降水年内分配统计表

项 目	春季(3—5月)		夏季(6—8月)		秋季(9—11月)		冬季(12月至次年2月)	
	降水量/mm	比例/%	降水量/mm	比例/%	降水量/mm	比例/%	降水量/mm	比例/%
怒江干流云南段	268.2	21.6	589.4	47.6	300.9	24.3	80.9	6.5
南汀河流域	267.0	16.7	929.2	58.2	349.3	21.9	49.9	3.1
怒江流域云南段	267.9	20.0	682.3	51.0	314.1	23.5	72.4	5.4

表现在夏季；怒江干流云南段春季、秋季和冬季降水量所占比例大于南汀河流域，而夏季降水量低于南汀河流域，表明怒江干流云南段降水年内分配更为均匀。

由图 8.2～图 8.4 可以看出，怒江干流云南段、南汀河流域和怒江流域云南段各季节降水变化趋势一致，即春季降水量呈增加趋势，夏季、秋季和冬季降水量呈减少趋势。

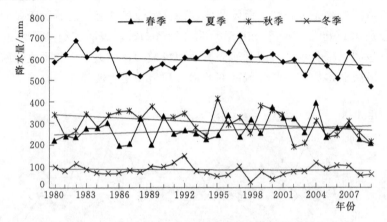

图 8.2　怒江干流云南段各季节降水量变化趋势

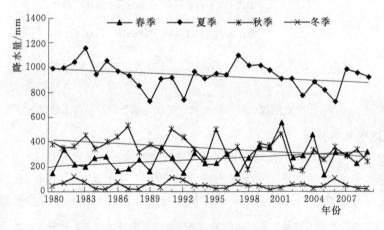

图 8.3　南汀河流域各季节降水量变化趋势

8.1.3　未来变化趋势

年降水量变化 R/S 分析结果表明（图 8.5～图 8.7）：怒江干流云南段、南汀河流域和怒江流域云南段年降水量变化的 H 值分别为 0.68、0.62 和 0.69，均大于 0.5，表明其未来变化趋势与过去一致，即仍将延续降水量减少的变化趋势，但由于 H 值更接近于 0.5，表明其变化的持续性趋势较弱，未来发生降水量加速下降的概率较小。

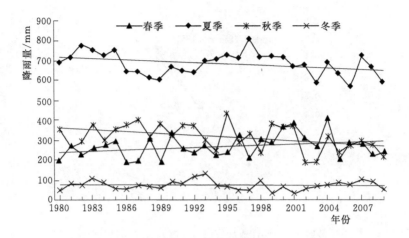

图 8.4 怒江流域云南段各季节降水量变化趋势

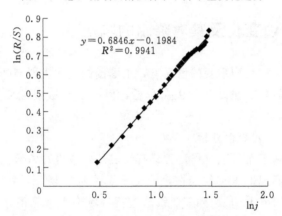

图 8.5 怒江干流云南段年降水量 H 值拟合

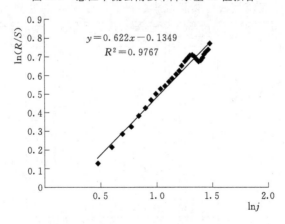

图 8.6 支流南汀河年降水量 H 值拟合

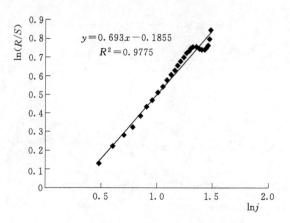

图 8.7　怒江流域云南段年降水量 H 值拟合

8.2　土壤侵蚀变化及其对降水的响应

在流域土地利用类型不变的情况下，土壤侵蚀变化主要与降水有关。通过流域土壤侵蚀强度与降水量之间的关联分析，以揭示土壤侵蚀变化对降水的响应机制。

8.2.1　模拟期水文代表性分析

为考察模拟期土壤侵蚀过程是否具有代表性，在进行流域土壤侵蚀变化分析之前，有必要对模拟期水文代表性进行分析。为考察模型模拟期的降水丰枯状况，利用水文常用的 P-Ⅲ型频率曲线法进行流域降水量频率计算，并结合流域降水丰枯的划分标准进行降水丰枯划分。怒江流域云南段降水 P-Ⅲ型频率曲线如图 8.8 所示，怒江流域云南段降水丰、平、枯水平年的划分标准见表 8.2。

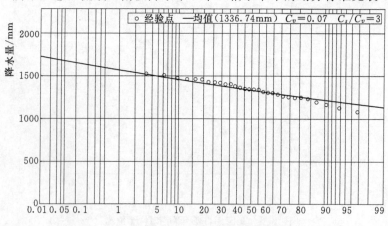

图 8.8　怒江流域云南段降水 P-Ⅲ型频率曲线

表 8.2   怒江流域云南段降水丰、平、枯水平年的划分标准

水平年	丰水年	平水年	枯水年
设计频率 P/%	<25	25~75	>75
年降水量	>1398	1272~1398	<1272
模比系数 k	>1.05	0.95~1.05	<0.95

模拟期 2005—2009 年降水量分别为 1167.6mm、1193.7mm、1405.1mm、1263.8mm、1084.1mm，与表 8.2 中的划分标准比较，2005 年、2006 年、2009 年为枯水年，2007 年为丰水年，2008 年为平水年。由此可见，模型模拟期具有较好的水文代表性，其土壤侵蚀模拟可基本反映不同水文条件下流域内的土壤侵蚀状况。

8.2.2 土壤侵蚀强度分级标准

为客观评价土壤侵蚀强度，根据土壤侵蚀相关规范，对研究区土壤侵蚀强度进行分级。《土壤侵蚀分类分级标准》（SL 190—2007）将全国土壤侵蚀类型分为西北黄土高原区、东北黑土区、北方石山区、南方红壤丘陵区和西南土石山区 5 个类型区。其中，研究区所在的西南土石山区以水力侵蚀为主，容许土壤流失量为 500t/（km² · a），该区域水力侵蚀强度分级见表 8.3。

表 8.3   西南土石山区水力侵蚀强度分级

级别	平均侵蚀模数 /[t/（km² · a）]	平均流失厚度 /(mm/a)	级别	平均侵蚀模数 /[t/（km² · a）]	平均流失厚度 /(mm/a)
微度	<500	<0.37	强烈	5000~8000	3.7~5.9
轻度	500~2500	0.37~1.9	极强烈	8000~15000	5.9~11.1
中度	2500~5000	1.9~3.7	剧烈	>15000	>11.1

注 流失厚度按土的干密度 1.35g/cm³ 计算。

8.2.3 土壤侵蚀变化及其对降水的响应

由图 8.9～图 8.11 可知，怒江流域云南段、怒江干流云南段和南汀河流域 2005—2009 年平均土壤侵蚀模数分别为 1419.4t/（km² · a）、1502.3t/（km² · a）和 1189.4t/（km² · a），按照西南土石山区水力侵蚀强度分级标准，土壤侵蚀强度均为轻度；流域土壤侵蚀模数呈先增大后减小的变化趋势，2007 年最大，2009 年最小；怒江干流云南段土壤侵蚀模数年际变化较小，而南汀河流域 2007 年土壤侵蚀模数为 1962.7t/（km² · a），约为 2009 年 593.1t/（km² · a）的 3.2 倍，土壤侵蚀模数年际变化较大。流域土壤侵蚀变化过程与降水量变化过程基本一致，呈直线相关关系，怒江流域云南段土壤侵蚀模数与降水量的相关系数最高，怒江干流云南段次之，南汀河流域最低，土壤侵蚀模数与降水量的相关系数呈现出随流域面积增大而升高的趋势。

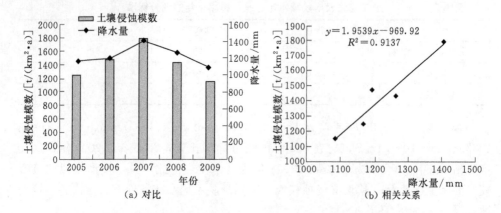

图 8.9　怒江流域云南段土壤侵蚀模数与降水量过程对比及两者之间的相关关系

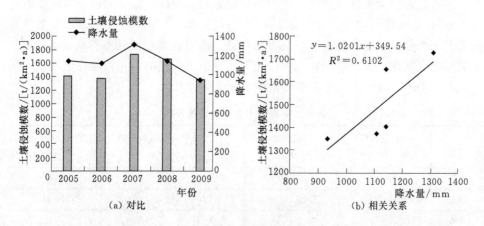

图 8.10　怒江干流云南段土壤侵蚀模数与降水量过程对比及两者之间的相关关系

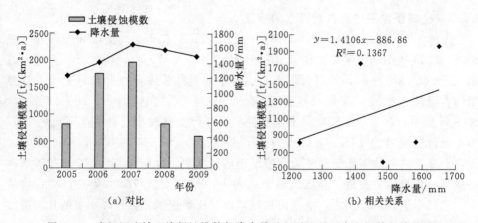

图 8.11　南汀河流域土壤侵蚀模数与降水量过程对比及两者之间的相关关系

8.2.4 土壤侵蚀年内分配及其对降水的响应

从图 8.12～图 8.17 可知，怒江流域云南段、怒江干流云南段和南汀河流域土壤侵蚀高度集中于雨季，5—10 月土壤侵蚀量分别占全年土壤侵蚀总量的 81.4%、78.2% 和 92.8%，逐月土壤侵蚀模数变化过程与降水量变化过程基本一致。怒江流域云南段逐月和月均土壤侵蚀模数与降水量的相关系数最高，怒江干流云南段次之，南汀河流域最低，逐月和月均土壤侵蚀模数与降水量的相关系数均呈现出随流域面积增大而升高的趋势，但逐月土壤侵蚀模数与降水量呈指数关系，而月均土壤侵蚀模数与降水量呈直线关系。

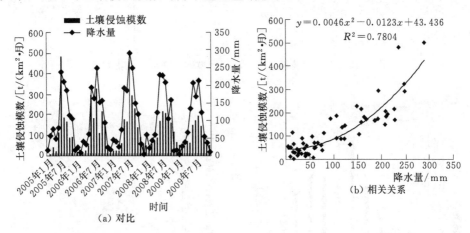

图 8.12　怒江流域云南段逐月土壤侵蚀模数与降水量过程对比及两者之间的相关关系

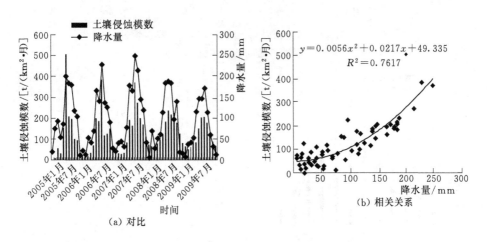

图 8.13　怒江干流云南段逐月土壤侵蚀模数与降水量过程对比及两者之间的相关关系

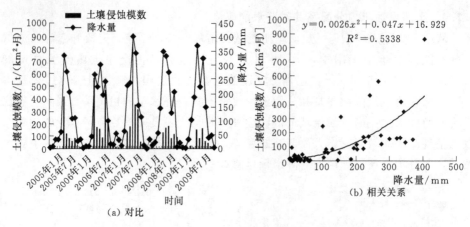

图 8.14　南汀河流域逐月土壤侵蚀模数与降水量过程对比
及两者之间的相关关系

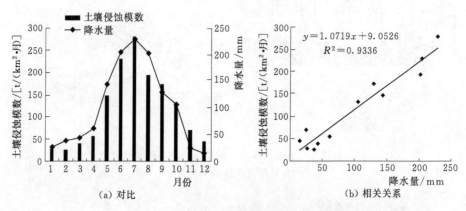

图 8.15　怒江流域云南段月均土壤侵蚀模数与降水量过程对比
及两者之间的相关关系

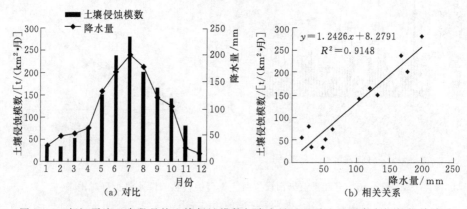

图 8.16　怒江干流云南段月均土壤侵蚀模数与降水量过程对比及两者之间的相关关系

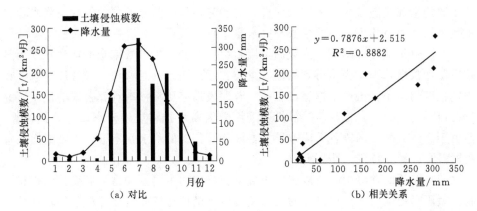

图 8.17 南汀河流域月均土壤侵蚀模数与降水量过程对比及两者之间的相关关系

8.3 小结

水土流失控制是流域生态保护中的一项主要任务。流域土壤侵蚀模拟及其对降水的响应研究的主要结论如下。

（1）怒江流域云南段降水量呈下降趋势，其变化趋势与怒江流域上游西藏区域相反，这主要与怒江流域中下游云南段和上游西藏段水汽来源通道不同有关。南汀河流域面雨量减少速率（56mm/10a）大于怒江干流云南段（29mm/10a），表明西南季风减弱趋势在怒江流域南部的南汀河流域更为明显。

（2）怒江流域云南段夏季降水占全年降水量的 51.0%，表明该流域降水极不均匀；怒江干流云南段降水年内分配更为均匀，与南汀河流域降水量差异主要表现在夏季；怒江流域云南段春季降水量呈增加趋势，夏季、秋季和冬季降水量呈减少趋势。

（3）怒江干流云南段降水量变化的 H 值为 0.69，表明其未来变化趋势与过去一致，仍将延续降水量减少的变化趋势，但持续性趋势较弱，未来发生降水量加速下降的概率较小。

（4）怒江流域云南段、怒江干流云南段和南汀河流域 2005—2009 年平均土壤侵蚀模数分别为 1419.4t/(km² · a)、1502.3t/(km² · a) 和 1189.4t/(km² · a)，土壤侵蚀强度均为轻度；怒江干流云南段土壤侵蚀模数年际变化明显小于南汀河流域。流域土壤侵蚀年变化过程与降水量变化过程基本一致，土壤侵蚀模数与降水量的相关系数呈现出随流域面积增大而升高的趋势。

（5）怒江流域云南段、怒江干流云南段和南汀河流域雨季（5—10 月）土壤侵蚀量分别占全年土壤侵蚀总量的 81.4%、78.2% 和 92.8%，逐月土壤侵蚀模数变化过程与降水量变化过程基本一致。逐月和月均土壤侵蚀模数与降水量的相关系数均呈现出随流域面积增大而升高的趋势，但逐月土壤侵蚀模数与降水量呈指数关系，而月均土壤侵蚀模数与降水量呈直线关系。

（6）由于缺乏推移质实测数据，用于模型输沙模拟参数率定的输沙数据为悬移质输沙数据，因此模拟得到的输沙量较实际总输沙（悬移质＋推移质）量存在一定程度的偏小。虽然根据怒江流域中游河段推移质输沙率计算公式的试验研究（董占地等，2010），推移质输沙量可采用爱因斯坦推移质输沙率修正公式计算，但由于怒江流域云南段各河段差异大，该计算公式的代表性不够，出境断面推移质输沙量计算有待进一步研究。

（7）短历时强降雨是造成怒江流域土壤侵蚀的主要原动力，但受暴雨资料限制，短历时强降雨与土壤侵蚀的关系及其形成机理有待以后在资料条件较好的小流域进一步深入研究。

第 9 章

怒江流域土地利用与气候变化的水沙响应情景模拟

情景模拟是揭示事物变化驱动机制的重要途径。本章通过设置 6 个土地利用情景和 2 个气候变化情景，模拟流域土地利用与气候变化的水沙响应，揭示流域水沙时空变化的驱动机制。

9.1 流域土地利用与气候变化情景设计

9.1.1 情景设计方法

情景是对事物可能的未来发展态势的描述，可根据研究需要预设不同的情景进行模拟，探讨研究对象对各影响因子变化的响应，是环境变化影响评估和对策制定中广泛使用的分析手段。情景预设通常可分为探索性情景和预测性情景，探索性情景试图揭示研究对象在各种可能环境变化下的响应，预测性情景则以环境变化趋势为出发点，探索研究对象未来可能发生的变化。在目前水文过程模拟的实际运用中，较多使用的是预测性情景分析（陆颖，2009）。

气候变化情景建立方法通常有任意情景法、历史经验法和趋势预测法等。任意情景法根据未来气候可能的变化范围，任意设定气温、降水等气候要素的变化值。历史经验法以历史时期气候观测记录或地质年代变化过程还原的气候资料为依据，生成气候变化情景。趋势预测法根据过去一定时期的气候变化情况对未来气候变化进行预测，生成气候变化情景。

土地利用情境建立方法通常有空间配置法、历史反演法、趋势预测法和极端配置法等。空间配置法主要考虑国家和地方政策对土地利用空间配置的影响，如退耕还林还草、基本农田保护、水库大坝修建、"城镇上山"、建筑用地限制等。历史反演法以过去土地利用状况或水文事件作为预设情境，用于模拟当时土地利用状况下的水文事件或者当时水文事件对应的土地利用状况。趋势预测法通过过去一定时期的土地利用变化趋势预测未来一定时期的土地利用变化，如区域发展综合驱动下的空间布局变化、建设用地的增加速率、森林用地的减少速率等。极端配置法通过设置单一土地利用类型来分析流域水文响应的可能变动范围，可排除水文系统组成中多要素的干扰，有利于确定某种土地利用类型或某一要素在水文循环中所起的作用，便于引导流域治理的方向。

9.1.2　土地利用变化情景设计

怒江流域的土地利用情景设计采用空间配置法和极端配置法。考虑到流域水文过程和水土流失与植被覆盖变化关系密切，结合国家退耕还林还草、"三江并流"世界自然遗产保护区建设等政策，利用空间配置法对怒江流域土地利用进行情景设置，探讨植被覆盖对流域水文过程的影响。怒江流域地处横断山区，山高谷深，地形破碎，流域内坡度大于 25°的区域面积占总面积的 53.37%，故土地利用空间配置情景针对坡度 25°以上地区的土地利用类型进行了转换。为综合考察退耕还林、还草和毁林开荒对流域水文过程的影响，分别对应设置土地利用空间配置情景 S1、S2 和 S3。土地利用空间配置法情景设计见表 9.1。

表 9.1　　　　　怒江流域云南段土地利用空间配置法情景设计

情景	情　景　设　计	目　　　的
S1	流域内坡度大于 25°以上非林地转换为林地	考察流域内退耕还林政策实施效果
S2	流域内坡度大于 25°以上非林地转换为草地	考察流域内退耕还草政策实施效果
S3	流域内坡度大于 25°以上土地利用类型转换为农业用地	考察流域内植被破坏的影响

注　模型的气候输入时段为 2005—2009 年，土壤参数不作调整。

同时，为考察怒江流域几种主要土地利用类型及不同人类活动强度对流域水文过程的影响，采用极端配置法对流域进行土地利用极端配置情景 S4、S5 和 S6设计。极端配置法情景设计见表 9.2。

表 9.2　　　　　怒江流域云南段土地利用极端配置法情景设计

情景	情　景　设　计	目　　　的
S4	土地覆被全部转换为森林	考察流域内无人类活动干扰状况
S5	土地覆被全部转换为草地	考察流域内人类活动中度干扰状况
S6	土地覆被全部转换为农业用地	考察流域内人类活动剧烈干扰状况

注　模型的气候输入时段为 2005—2009 年，土壤参数不作调整。

9.1.3　气候变化情景设计

全球气候变化及其对水文过程和水资源的影响已成为世界各国政府和科学界高度关注的问题，也是当前国内外研究的热点。政府间气候变化专门委员会（IPCC）是全球气候变化研究的权威机构，怒江流域云南段的气候变化情景首先根据 IPCC 在排放情景特别报告中 A1F1（高碳排放）情景下对 2010—2039 年南亚地区（5°S～30°N，65°E～100°E）气候预测结果设置（S7）。A1F1 情景基于经济快速增长，全球人口峰值出现在 21 世纪中叶、随后开始减少，新的和更高效的技术迅速出现而设置，与全球变化趋势较为相符。但由于研究区只是整个南亚地区当中的一小部分，流域气候变化又具有自身的特点，因此应增加基于趋势延续的气候变化情景（S8）。研究区内分布有雨量监测站77个（含6个气象站），面雨量具有代表性，而分布的国家气象站点仅6个，气温不具有代表性，因此S8中的降水量变化采用1980—2009年流域面雨量变化值，气温变化情景仍采用S7的预测成果。研究区气候变化情景设置见表9.3。

表 9.3　　　　　　　　怒江流域云南段气候变化情景设置

季　节	S7		S8	
	气温/℃	A1F1 情景降水/%	气温/℃	流域降水趋势/%
春季（3—5月）	1.18	7	1.18	21.4
夏季（6—8月）	0.54	5	0.54	−9.5
秋季（9—11月）	0.78	1	0.78	−29.2
冬季（12月至次年2月）	1.17	−3	1.17	−7.2

9.2　流域土地利用变化情景的水文模拟

9.2.1　土地利用变化情景径流模拟

由图9.1～图9.4可知，在土地利用变化情景下，怒江干流云南段和支流南汀河出口断面的径流量及其年内分配均发生了相应变化。从2005—2009年年平均径流量来看，怒江干流云南段和支流南汀河年径流量均为S5＞S1＞S3＞S4＞S6＞当前＞S2，但在不同降水丰枯年份，特别是2005年枯水年份，各土地利用

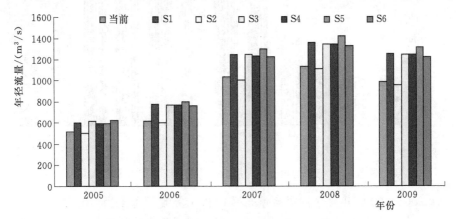

图 9.1　干流云南段土地利用变化情景年径流量模拟

变化情景的年径流量排序略有变化。土地利用情景 S5、S1、S3、S4 和 S6 下，干流云南段和支流南汀河年平均径流量分别增加 22.5% 和 53.3%；土地利用情景 S2 下，干流云南段和支流南汀河年平均径流量分别减少 2.5% 和 9.1%。研究区土地覆被全部转化为草地（S5）产流量增幅较大，而坡度 25°以上非林地全部转化为草地产流量稍有减少，表明坡度 25°以上和坡度 25°以下草地对产流的影响存在较大差异。

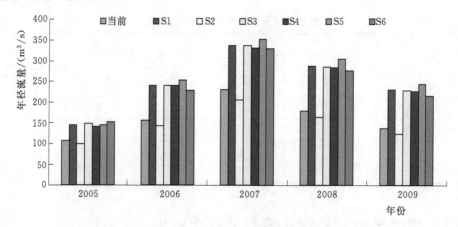

图 9.2   支流南汀河土地利用变化情景年径流量模拟

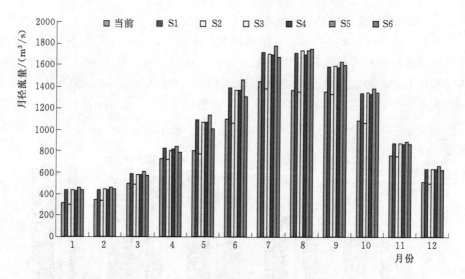

图 9.3   干流云南段土地利用变化情景径流量年内分配模拟

从 2005—2009 年月平均径流量来看，怒江干流云南段为 8 月最大、1 月最小，支流南汀河为 8 月最大、3 月最小，但在不同降水丰枯年份，各土地利用变化情景的月径流量排序略有不同。土地利用情景 S5、S1、S3、S4 和 S6 下，干

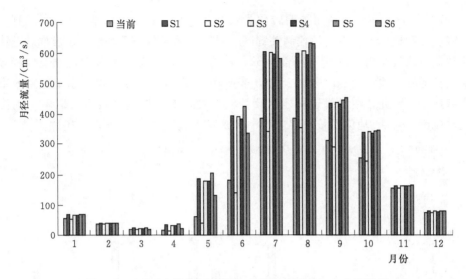

图 9.4 支流南汀河土地利用变化情景径流量年内分配模拟

流云南段各月平均径流量的增幅较为均匀，支流南汀河各月平均径流量的增幅不均匀，4—10 月增幅较大，11 月至次年 3 月增幅较小；土地利用情景 S2 下，干流云南段各月平均径流量的减幅较为均匀，支流南汀河各月平均径流量的变化差异明显，5 月和 6 月减幅相对较大，而 2 月、3 月和 12 月还略有增加。

9.2.2 土地利用变化情景输沙模拟

由图 9.5～图 9.8 可知，在土地利用变化情景下，怒江干流云南段和支流南汀河出口断面的输沙量及其年内分配均发生了较大变化。从 2005—2009 年年平均输沙量来看，怒江干流云南段和支流南汀河年输沙量均为 S6＞S3＞S1＞S5＞当前＞S2＞S4。土地利用情景 S3 和 S6 下，干流云南段年平均输沙量分别为当前的 5.26 倍和 12.77 倍，支流南汀河年平均输沙量分别为当前的 6.23 倍和

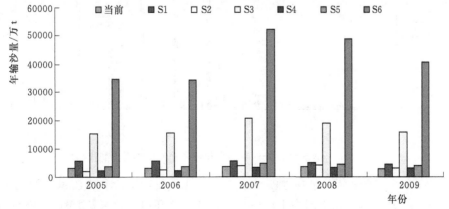

图 9.5 干流云南段土地利用变化情景年输沙量模拟

17.01 倍，表明在土地利用类型转化为农业用地后，输沙量将成倍增加。因此，应将农业用地作为土壤侵蚀控制关键区，严禁毁林毁草开垦耕地，积极推进退耕还林还草政策。输沙量 S1＞当前＞S2，表明在坡度 25°以上地区草地水土保持效果比林地好；输沙量 S5＞当前＞S4，表明在坡度 25°以下地区林地水土保持效果比草地好。因此，在退耕还林还草政策实施中，应根据具体坡度采取不同的措施，坡度 25°以上地区尽量退耕还草，而坡度 25°以下地区尽量退耕还林。

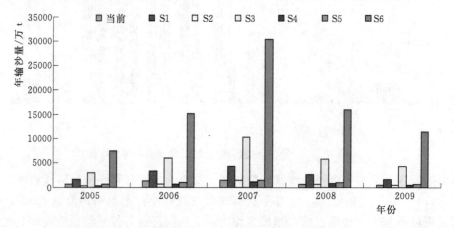

图 9.6　支流南汀河土地利用变化情景年输沙量模拟

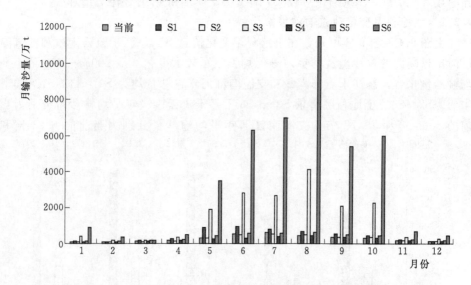

图 9.7　干流云南段土地利用变化情景输沙量年内分配模拟

从 2005—2009 年月平均输沙量来看，怒江干流云南段和支流南汀河均为 7 月最大、3 月最小，在不同降水丰枯年份，各土地利用变化情景的月输沙量排序略有不同，输沙量最大月分布在 5—9 月，输沙量最小月分布在 3—4 月。各土地

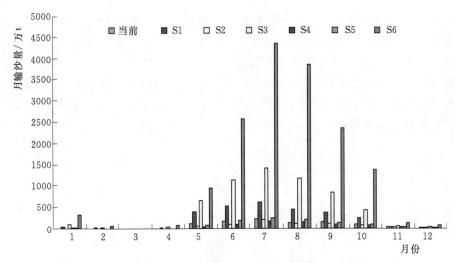

图 9.8 支流南汀河土地利用变化情景输沙量年内分配模拟

利用情景输沙量与当前比较，雨季（5—10月）变化量远大于旱季（11月至次年4月），变幅与降水量及输沙量年内分配相对应，即降水量和输沙量越大的月份，变幅也越大。

9.3 流域气候变化情景的水文模拟

9.3.1 气候变化情景径流模拟

由图 9.9～图 9.12 可知，在气候变化情景下，怒江干流云南段和支流南汀

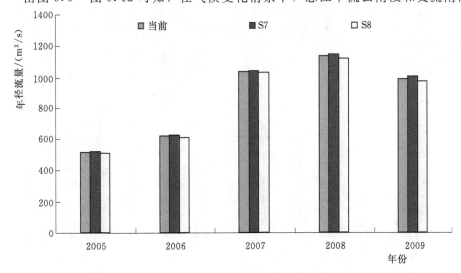

图 9.9 干流云南段气候变化情景年径流量模拟

河出口断面的径流量及其年内分配均发生了相应变化。从 2005—2009 年年平均径流量来看，怒江干流云南段和支流南汀河年径流量均为 S7（IPCC 报告 A1F1 情景）＞当前＞S8（过去降水趋势延续情景）。气候情景 S7 下，干流云南段和支流南汀河年平均径流量分别增加 0.89％和 2.31％；气候情景 S8 下，干流云南段和支流南汀河年平均径流量分别减少 1.26％和 3.95％。气候变化情景 S7 对于流域水资源增加更为有利。

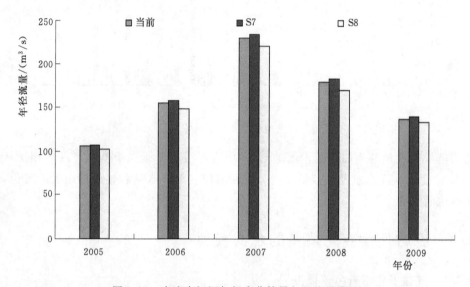

图 9.10　支流南汀河气候变化情景年径流量模拟

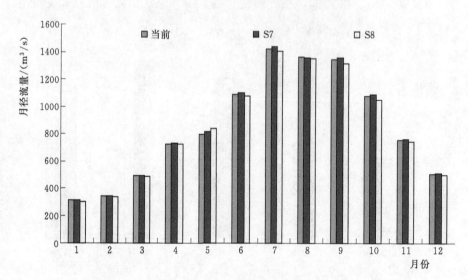

图 9.11　干流云南段气候变化情景径流量年内分配模拟

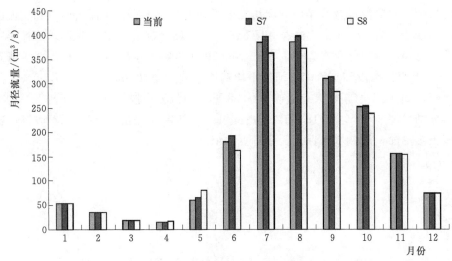

图 9.12 支流南汀河气候变化情景径流量年内分配模拟

从 2005—2009 年月平均径流量来看，气候情景 S7 下，怒江干流云南段径流量除 8 月减少 0.51% 之外，其余月份均增加且增幅较为均匀；支流南汀河径流量 1 月、2 月和 10 月略有减少，其余月份有不同程度的增加，其中 4—8 月增幅相对较大。气候情景 S8 下，怒江干流云南段径流量除 5 月增加 4.81% 之外，其余月份均减少且减幅较为均匀；支流南汀河径流量 3—5 月增加，4 月和 5 月增幅分别达 15.80% 和 33.31%，其余月份有不同程度的减少。

9.3.2 气候变化情景输沙模拟

由图 9.13～图 9.16 可知，在气候变化情景下，怒江干流云南段和支流南汀

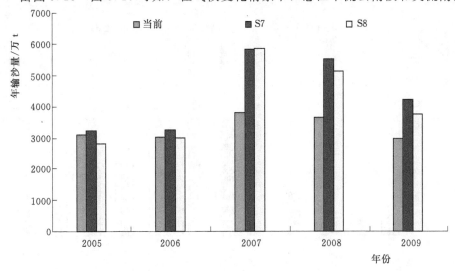

图 9.13 干流云南段气候变化情景年输沙量模拟

河出口断面的输沙量及其年内分配均发生了较大变化。怒江干流云南段和支流南汀河输沙量均为 S7（IPCC 报告 A1F1 情景）＞S8（过去降水趋势延续情景）＞当前，与径流量变化存在差异。从 2005—2009 年年平均输沙量来看，气候情景 S7 下，干流云南段和支流南汀河年平均输沙量分别增加 32.95％和 47.50％，其中 2007—2009 年增幅较大；气候情景 S8 下，干流云南段和支流南汀河年平均输沙量分别增加 24.06％和 18.00％。由此可见，气候变化情景 S7 和 S8 均将加剧流域土壤侵蚀，流域水土保持任务将更为艰巨。

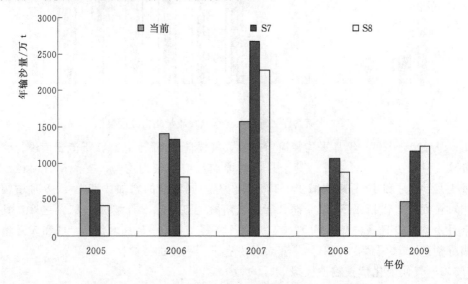

图 9.14　支流南汀河气候变化情景年输沙量模拟

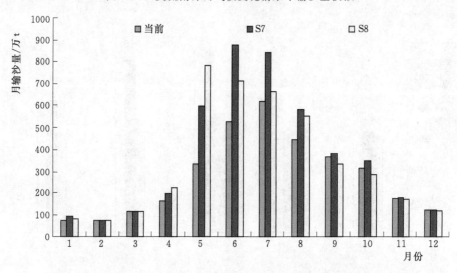

图 9.15　干流云南段气候变化情景输沙量年内分配模拟

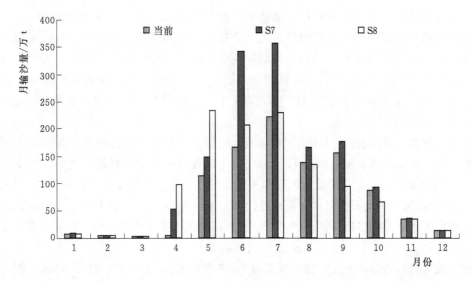

图 9.16 支流南汀河气候变化情景输沙量年内分配模拟

从 2005—2009 年月平均输沙量来看，气候情景 S7 下，怒江干流云南段和支流南汀河月输沙量均增加，其中 4—8 月增幅相对较大。气候情景 S8 下，怒江干流云南段输沙量 1 月和 3—8 月增加，5 月增幅最明显且成为全年输沙量最大的月份，其余月份均不同程度减少；支流南汀河输沙量 3—7 月增加，4 月和 5 月增幅较大，其余月份有不同程度的减少。气候情景 S7 和 S8 下，怒江干流云南段和支流南汀河雨季输沙量增幅明显，输沙量年内分配更加不均匀，泥沙问题将更加严峻。因此，应将雨季作为水土流失控制的重点时期。

9.4 小结

SWAT 模型作为流域管理决策工具，可以通过模拟不同情景下的水文过程变化来辨识和预估各种措施的实施效果。本书共设置 6 个土地利用情景和 2 个气候变化情景，分别模拟了地表覆被变化和气候变化背景下，怒江干流云南段和支流南汀河的径流和输沙年际及年内分配响应。主要结论如下。

以怒江流域云南段 2005—2009 年降水量作为模型输入，基于土地利用空间配置情景模拟结果表明：将流域土地利用类型进行转换后，影响最大的是汛期流量和河道输沙量，枯季由于降水量稀少，径流及泥沙变化不明显。25°以上地区和流域全部的土地利用类型转换为农业用地后，干流云南段平均输沙量分别为当前的 5.26 倍和 12.77 倍，支流南汀河平均输沙量分别为当前的 6.23 倍和 17.01 倍，表明农业用地是土壤侵蚀关键区，应严禁毁林毁草开垦耕地，积极推进退耕还林还草。25°以上非林地土地利用类型转化为林地后，流域输沙量增大，而 25°

以上非林地土地利用类型转化为草地后，流域输沙量减小，表明在坡度 25°以上地区草地水土保持效果比林地好。流域全部土地利用类型转换成林地后，流域输沙量减小，而流域全部土地利用类型转换成草地后，流域输沙量增大，表明在坡度 25°以下林地水土保持效果比草地好。因此，在退耕还林还草政策实施中，应根据具体坡度采取不同的措施，坡度 25°以上地区尽量退耕还草，而坡度 25°以下地区尽量退耕还林。

气候情景模拟表明：IPCC 报告 A1F1 情景下，怒江干流云南段和支流南汀河年平均径流量分别增加 0.89％和 2.31％，干流各月径流量增幅较为均匀，而支流 4—8 月增幅相对较大；干流云南段和支流南汀河年平均输沙量分别增加 32.95％和 47.50％，怒江干流云南段和支流南汀河各月输沙量均增加，其中 4—8 月增幅相对较大。过去降水趋势延续情景下，干流云南段和支流南汀河年平均径流量分别减少 1.26％和 3.95％；怒江干流云南段径流量除 5 月增加 4.81％之外，其余月份均减少且减幅较为均匀，支流南汀河径流量 3—5 月略有增加，4 月和 5 月增幅分别达 15.80％和 33.31％，其余月份有不同程度的减少；干流云南段和支流南汀河年平均输沙量分别增加 24.06％和 18.00％，怒江干流云南段输沙量 1 月和 3—8 月增加，5 月增幅最明显且成为全年输沙量最大的月份，其余月份均不同程度减少，支流南汀河输沙量 3—7 月增加，4 月和 5 月增幅较大，其余月份有不同程度的减少。以上两种气候变化情景下，怒江干流云南段和支流南汀河雨季输沙量增幅明显，因此应将雨季作为水土流失控制的重点时期。

参 考 文 献

[1] Immerzeel W W, Bierkens M F P. Asian water towers: More on monsoons response [J]. Science, 2010, 330 (6004): 585 – 585.

[2] Vorosmarty C J, Green P, Salisbury J, et al. Global water resources: Vulnerability from climate change and population growth [J]. Science, 2000, 289 (5477): 284 – 288.

[3] Vorosmarty C J, et al. Global threats to human water security and river biodiversity [J]. Nature, 2010, 467 (7315): 555 – 561.

[4] Fu G B, Michael E B, Chen S L. Impacts of climate change on regional hydrological regimes in the Spokane river Watershed [J]. Journal of Hydrologic Engineering, 2007, 12 (5): 452 – 461.

[5] Benedikt N, Lindsay M, Daniel V, et al. Impacts of environmental change on water resources in the Mt. Kenya region [J]. Journal of Hydrology, 2007, 343: 26 – 278.

[6] Horst Weyerhaeuser, Andreas Wilkes, Fredrich Kahrl. Local impacts and responses to regional forest conservation and rehabilitation programs in China's northwest Yunnan province [J]. Agricultural Systems, 2005, 85: 234 – 253.

[7] Qing – zhu Gao, Yun – fan Wan, Hong – mei Xu, et al. Alpine grassland degradation index and its response to recent climate variability in Northern Tibet, China [J]. Quaternary International, 2010, 226: 143 – 150.

[8] Zheng M G, Cai Q G, Cheng Q J. Sediment yield modeling for single storm events based on heavy – discharge stage characterized by stable sediment concentration [J]. International Journal of Sediment Reserch, 2007, 22 (3): 208 – 217.

[9] Duan S W, Liang T, Zhang S, et al. Seasonal changes in nitrogen and phosphorus transport in the lower Changjiang river before the construction of the Three Gorges Dam [J]. Estuarine, coastal and shelf science, 2008, 79: 239 – 250.

[10] Anderson N F, Brodersen K P, Ryves D B, et al. Climate versus in lake processes as controls on the development of community structure in a Low – Arctic lake (south – west Greenland) [J]. Ecosystems, 2008, 11: 307 – 324.

[11] Antonsson K, Brooks S J, Seppa H, et al. Quantitative palabra temperature records inferred from fossil pollen and chironomid assemblages from Lake Gilltja rnen, northern central Sweden [J]. J Quat Sci, 2006, 21: 831 – 841.

[12] Brodersen K P, Pedersen O, Walker I R, et al. Respiration of midges (Diptera: Chironomidae) in British Columbian lakes: oxy – regulation, temperature and their role as palaeo – indicators [J]. Fresh Biol, 2008, 53: 593 – 602.

[13] Zuo Xue J, Paul Liu, Qian Ge. Changes in hydrology and sediment delivery of the Mekong river in the last 50 years: connection to damming, monsoon, and ENSO [J]. Earth Surf. Process. Landforms, 2011, 36: 296 – 308.

［14］ De Fries R, K N Eshleman. Land - use change and hydrologic processes: a major focus for the future [J]. Hydrological Processes, 2004 (18): 2183 - 2186.

［15］ Carroll C, Merton L, Burger P. Impact of vegetative cover and slope on runoff erosion, and water quality for field plots on a range of soil and spoil material on central Queensland Coal Mines [J]. Journal of Soil Resource, 2000, 38 (3): 313 - 327.

［16］ Verstraeten G, Van Rompaey A, Poeson J. Evaluating the impact of watershed management scenarios on changes in sediment delivery to rivers [J]. Hydrobiology, 2003, 494 (2): 153 - 158.

［17］ Sanchez L A, Ataroff M, Lopez R. Soil erosion under different vegetation covers in the Venezuelan Andes [J]. Environmentalist, 2002, 22 (1): 161 - 172.

［18］ Des E. Walling. The changing sediment loads of the world's rivers [J]. Ann. Warsaw Univ. of Life Sci. SGGW, Land Reclaim, 2008, 39: 3 - 20.

［19］ Einstein H A, Chien Ning. Similarity of distorted river Models with Movable bed [J]. ASCE Proe, 1954, 80: 566.

［20］ Sivapalan M, Takeuchi K, Franks S W, et al. IAHS decade on predictions in ungauged basins (PUB), 2003 - 2012: Shaping an exciting future for the hydrological sciences [J]. Hydrological Sciences Journal, 2003, 48 (6): 857 - 880.

［21］ Weiming Wu, Sam S. Y. Wang. An introduction to latest developments in soil erosion and sediment transport modeling [J]. Proceedings of the 11th International Symposium on river Sedimentation, 2010: 1 - 15.

［22］ Lin Q. A one - dimensional model of cohesive sediment transport in open channels [D]. MS Thesis, The University of Mississippi, USA, 2010: 92.

［23］ Acharya Anu. Experimental study and numerical simulation of flow and sediment transport around a series of spur dikes [D]. University of Arizona, Tucson, AZ, 2011.

［24］ F Bouraoui, S Benabdallah, A J rad, et al. Application of the SWAT model on the Medjerda river basin (Tunisia) [J]. Physics and Chemistry of the Earth, 2005, 30: 497 - 507.

［25］ T A Fontaine, T S Cruickshank, J G Arnold, et al. Development of a snowfall - snowmelt routine for mountainous terrain for t he soil water assessment tool (SWAT) [J]. Journal of Hydrology, 2002, 262: 209 - 223.

［26］ M P Tripat hi, R K Panda, N S Raghuwanshi. Development of effective management plan for critical subwatersheds using SWAT model [J]. Hydrological Process, 2005, 19: 809 - 826.

［27］ J esse D Schomberg, George Host, Lucinda B Johnson, et al. Evaluating t he influence of landform, surficial geology, and landuse on st reams using hydrologic simulation modeling [J]. Aquatic Sciences, 2005, 67: 528 - 540.

［28］ S Behera, R K Panda. Evaluation of management alternatives for an agricultural watershed in a sub - humid subtropical region using a physical process based model [J]. Agriculture, Ecosystems and Environment, 2006, 113: 62 - 72.

［29］ Roberta Salvetti, Arianna Azzellino, Renato Vismara. Diffuse source apportionment of the Po river eutrophy load to the Adriatic sea: Assessment of Lombardy contribution to Po river nutrient load apportionment by means of an integrated modeling approach [J]. Chemosphere,

2006, 65: 2168 – 2177.

[30] N Kannan, S M White, F Worrall, et al . Sensitivity analysis and identification of the best evapotranspiration and runoff options for hydrological modelling in SWAT – 2000 [J] . Journal of Hydrology, 2007, 332: 456 – 466.

[31] Eileen Chen, D Scott Mackay. Effect s of distribution – based parameter aggregation on a spatially distributed agricultural nonpoint source pollution model [J]. Journal of Hydrology, 2004. 295: 211 – 224.

[32] Mazdak Arabi, Rao S Govindaraju, Mohamed M, et al. Role of watershed subdivision on modeling the effectiveness of best management practices with SWAT [J]. Journal of the American Water Resources Association, 2006, 42: 513 – 528.

[33] V Chaplot. Impact of DEM mesh size and soil map scale on SWAT runoff, sediment, and NO₃ – N loads predictions [J]. Journal of Hydrology, 2005, 312: 207 – 222.

[34] IPCC. Climate Change 2007 – The Physical Science Basis: Working Group I Contribution to the Fourth Assessment Report of the IPCC [M]. Cambridge University Press, 2007.

[35] Nema P, Nema S, Priyanka R. An overview of global climate changing in current scenario and mitigation action [J]. Renewable and Sustainable Energy Reviews, 2012, 16: 2329 – 2336.

[36] Immerzeel W W, van Beek L P H, Bierkens M F P. Climate change will affect the asian water towers [J]. Science, 2010, 328: 1382 – 1385.

[37] Arnell N W, Gosling S N. The impacts of climate change on river flow regimes at the global scale [J]. Journal of Hydrology, 2013, 486: 351 – 364.

[38] van Vliet M T H, Franssen W H P, Yearsley J R, et al. Global river discharge and water temperature under climate change [J]. Global Environmental Change, 2013, 23: 450 – 464.

[39] Smakhtin V U. Low flow hydrology: a review [J]. Journal of Hydrology, 2001, 240: 147 – 186.

[40] Karl T R, Kukla G, Razuvayev V N, et al. Global warming: Evidence for asymmetric diurnal temperature change [J]. Geophysical Research Letters, 1991, 18 (12): 2253 – 2256.

[41] Karl T R, Jones P D, Knight R W, et al. A new perspective on recent global warming: asymmetric trends of daily maximum and minimum temperature [J]. Bulletin of the American Meteorological Society, 1993, 74 (6): 1007 – 1023.

[42] Pan Tao, Wu Shaohong, He Daming, et al. Effects of longitudinal range – gorge terrain on the eco – geographical pattern in Southwest China [J]. Journal of Geographical Sciences, 2012, 22 (5): 825 – 842.

[43] He Y, Lu A, Zhang Z, et al. Seasonal variation in the regional structure of warming across China in the past half century [J]. Climate research, 2005, 28 (3): 213 – 219.

[44] Markham C G. Seasonality of Precipitation in the United States [J]. Annals of the Association of American Geographers, 1970, 60 (3): 593 – 597.

[45] Yue S, Pilon P, Phinney B, et al. The influence of autocorrelation on the ability to detect trend in hydrological series [J]. Hydrological Processes, 2002, 16 (9): 1807 – 1829.

[46] Verbesselt J, Hyndman R, Newnham G, et al. Detecting trend and seasonal changes in satellite image time series [J]. Remote Sensing of Environment, 2010, 114 (1): 106 – 115.

[47] Becker A，Bugmann H. Global change and mountain regions – an IGBP initiative for collaborative research [J]. Global Change and Protected Areas，2001，9：3 – 9.

[48] Gayathri V. Dam controversy：remaking the Mekong [J]. Nature，2011，478：305 – 307.

[49] 汪永晨. 怒江，能不能建坝？——两名地质学者回应《绿色能源——水库大坝与环境保护论坛》[J]. 环境教育，2011（4）：19 – 25.

[50] 杨旺舟，宋婧瑜，武友德，等. 滇西北纵向岭谷区农业土地资源特征与可持续利用对策——以云南怒江州为例 [J]. 农业现代化研究，2010，31（6）：720 – 723.

[51] 刘登峰，田富强，高龙. 从科学方法论的角度看水文模型的发展 [J]. 人民黄河，2007，29（9）：38 – 39.

[52] 王国庆，张建云，贺瑞敏. 环境变化对黄河中游汾河径流情势的影响研究 [J]. 水科学进展，2006，17（6）：853 – 858.

[53] 陈利群，刘昌明，李发东. 基流研究综述 [J]. 地理科学进展，2006，25（1）：1 – 15.

[54] 吕玉香，王根绪，张文敬. 贡嘎山黄崩溜沟流域基流估算及其特性分析 [J]. 中国农村水利水电，2009（3）：17 – 20.

[55] 徐磊磊，刘敬林，金昌杰，等. 水文过程的基流分割方法研究进展 [J]. 应用生态学报，2011（22）：3073 – 3080.

[56] 党素珍，王中根，刘昌明. 黑河上游地区基流分割及其变化特征分析 [J]. 资源科学，2011，33（12）：2232 – 2237.

[57] 郭军庭，张志强，王盛萍，等. 黄土丘陵沟壑区小流域基流特点及其影响因子分析 [J]. 水土保持通报，2011，31（1）：87 – 92.

[58] 林凯荣，陈晓宏，江涛，等. 数字滤波进行基流分割的应用研究 [J]. 水力发电，2008，34（6）：28 – 30.

[59] 林学钰，廖资生，钱云平，等. 基流分割法在黄河流域地下水研究中的应用 [J]. 吉林大学学报（地球科学版），2009，39（6）：960 – 967.

[60] 张建云，王国庆. 气候变化对水文水资源影响研究 [M]. 北京：科学出版社，2007：1 – 15.

[61] 夏军，谈戈. 全球变化与水文科学新的进展与挑战 [J]. 资源科学，2002，24（3）：1 – 7.

[62] 许炯心. 无定河流域侵蚀产沙过程对水土保持措施的响应 [J]. 地理学报，2004，59（6）：972 – 981.

[63] 许炯心. 流域降水和人类活动对黄河入海泥沙通量的影响 [J]. 海洋学报，2003，25（5）：125 – 135.

[64] 王兆印，王光谦，李昌志，等. 植被侵蚀动力学的初步探索和应用 [J]. 中国科学：D辑，2003，33（10）：1013 – 1023.

[65] 陈月红，余新晓，谢崇宝. 黄土高原吕二沟流域土地利用及降雨强度对径流泥沙影响初探 [J]. 中国水土保持，2009，7（1）：8 – 12.

[66] 卢金发，黄秀华. 土地覆被对黄河中游流域泥沙产生的影响 [J]. 地理研究，2003，22（5）：571 – 578.

[67] 任敬，何大明，傅开道，等. 气候变化与人类活动驱动下的元江-红河流域泥沙变化 [J]. 科学通报，2007，52（增刊Ⅱ）：142 – 147.

[68] 李林育，焦菊英，李锐，等. 松花江流域河流泥沙及其对人类活动的响应特征 [J]. 泥沙研究，2009（2）：62 – 70.

[69] 李新艳，王芳，杨丽标，等. 河流输送泥沙和颗粒态生源要素通量研究进展 [J]. 地球科学进展，2009，28（4）：558-566.

[70] 查小春，延军平. 全球变化下秦岭南北河流径流泥沙比较分析 [J]. 地理科学，2002，22（4）：403-407.

[71] 戴仕宝，杨世伦，郜昂，等. 近50年来中国主要河流入海泥沙变化 [J]. 泥沙研究，2007（2）：49-58.

[72] 唐华俊，吴文斌，杨鹏，等. 土地利用/土地覆被变化（LUCC）模型研究进展 [J]. 地理学报，2009，64（4）：456-468.

[73] 刘新卫，陈百明，史学正. 国内LUCC研究进展综述 [J]. 土壤，2004，36（2）：132-135.

[74] 李昌峰，高俊峰，曹慧. 土地利用变化对水资源影响研究的现状和趋势 [J]. 土壤，2002（4）：191-205.

[75] 田海涛，张振克，李彦明，等. 中国内地水库淤积的差异性分析 [J]. 水利水电科技进展，2006，26（6）：28-33.

[76] 刘贤赵，康绍忠，刘德林，等. 基于地理信息的SCS模型及其在黄土高原小流域降雨-径流关系中的应用 [J]. 农业工程学报，2005，21（5）：93-97.

[77] 王根绪，张钮，刘桂民，等. 马营河流域1967—2000年土地利用变化对河流径流的影响 [J]. 中国科学D辑（地球科学），2005，35（7）：671-681.

[78] 余钟波. 流域分布式水文学原理及应用 [M]. 北京：科学出版社，2008.

[79] 李丽娟，姜德娟，李九一，等. 土地利用/覆被变化的水文效应研究进展 [J]. 自然资源学报，2007，22（2）：211-224.

[80] 王中根，刘昌明，黄友波. SWAT模型的原理、结构及应用研究 [J]. 地理科学进展，2003，22（1）：79-87.

[81] 王中根，刘昌明，左其亭，等. 基于DEM的分布式水文模型构建方法 [J]. 地球科学进展，2002，21（5）：430-439.

[82] 吴楠，高吉喜，苏德毕力格，等. 不同土地利用/覆被情景下生态系统减轻水库泥沙淤积的服务能力与经济价值模拟 [J]. 生态学报，2009，29（11）：5912-5922.

[83] 张晓明，余新晓，武思宏，等. 黄土区森林植被对坡面径流和侵蚀产沙的影响 [J]. 应用生态学报，2005，16（9）：1613-1617.

[84] 张晓明，余新晓，武思宏，等. 黄土区森林植被对流域径流和输沙的影响 [J]. 中国水土保持科学，2006，4（3）：48-53.

[85] 蔡强国，范昊明. 泥沙输移比影响因子及其关系模型研究现状与评述 [J]. 地理科学进展，2004，23（5）：1-9.

[86] 胡春宏，王延贵，张燕菁. 河流泥沙模拟技术进展与展望 [J]. 水文，2006，26（3）：37-41.

[87] 董年虎，方春明，曹文洪. 三峡水库不平衡泥沙输移规律 [J]. 水利学报，2010，41（6）：653-658.

[88] 中国水利学会泥沙专业委员会. 泥沙手册 [M]. 北京：中国环境科学出版社，1992.

[89] 张俊华，张红武. 黄河河工模型研究回顾与展望 [J]. 人民黄河，2000（9）：4-6.

[90] 屈孟浩. 黄河动床河道模型的相似原理及设计方法 [J]. 泥沙研究，1981（3）：31-44.

[91] 武汉水利电力学院. 河流泥沙工程学 [M]. 北京：水利出版社，1982.

[92] 谢鉴衡. 河流模拟 [M]. 北京：水利电力出版社，1990.

[93] 王延贵，王兆印，曾庆华，等. 模型沙物理特性的试验研究及相似分析 [J]. 泥沙研究. 1992 (3)：76 - 86.

[94] 吕秀贞，戴清. 泥沙河工模型时间变态的影响及其误差校正途径 [J]. 泥沙研究，1989 (2)：14 - 26.

[95] 胡光斗，曾庆华. 模型砂水下休止角与边坡上起动相似问题 [J]. 泥沙研究，1988 (4)：43 - 50.

[96] 陈稚聪，安毓琪. 河工模型中时间变态与水流挟沙力关系的试验研究 [J]. 人民长江，1995，26 (8)：51 - 54.

[97] 吕秀贞. 河工模型几何变态对坡面上推移质输移相似性的影响 [J]. 泥沙研究，1992 (1)：11 - 22.

[98] 姚文艺，王德昌，侯志军. 多沙河流河工动床模型"人工转折设计方法"研究 [J]. 泥沙研究，2002 (5)：25 - 31.

[99] 窦希萍，张幸农. 南科院近十年泥沙研究工作综述 [J]. 泥沙研究，1999 (6)：17 - 20.

[100] 胡春宏，王延贵，等. 官厅水库泥沙淤积与水沙调控 [M]. 北京：中国水利水电出版社，2003：187 - 194.

[101] 张红武，江恩惠，等. 黄河高含沙洪水模型的相似律 [M]. 郑州：河南科学技术出版社，1995.

[102] 赵串串，张荔，杨晓阳，等. 国内外流域水文模型应用进展 [J]. 环境科学与管理，2007，32 (10)：17 - 21.

[103] 刘昌明，郑红星，王中根. 流域水循环分布式模拟 [M]. 郑州：黄河水利出版社，2006.

[104] 贾仰文，王浩，倪广恒，等. 分布式流域水文模型原理与实践 [M]. 北京：中国水利水电出版社，2005.

[105] 徐宗学，程磊. 分布式水文模型研究与应用进展 [J]. 水利学报，2010，41 (9)：1009 - 1017.

[106] 李文华. 全球变化与全球化对山地环境的影响及对策 [C] //冯志成，徐思敏. 山地人居与生态环境可持续发展国际学术研究会论文集. 北京：中国建设工业出版社，2002：248 - 251.

[107] 杜军，翁海卿，袁雷，等. 近 40 年西藏怒江河谷盆地的气候特征及变化趋势 [J]. 地理学报，2009，64 (5)：581 - 591.

[108] 石磊，杜军. 怒江流域近 30 年太阳总辐射变化趋势 [J]. 安徽农业科学，2010，38 (23)：12767 - 12769，12775.

[109] 袁雷，杜军，周刊社. 西藏怒江河谷流域 NDVI 变化与主要气候因子的关系 [J]. 草业科学，2010，27 (8)：52 - 58.

[110] 王艳芳，张永清，宋红梅. 基于遥感数据的云南怒江流域水土流失监测与分析 [J]. 现代农业科技，2009 (21)：215 - 216.

[111] 赵筱青，杨树华，张青. 怒江茶山小流域农户生计及农业土地利用模式研究 [J]. 云南地理环境研究，2008，20 (4)：84 - 88.

[112] 邹秀萍，齐清文，姜莉莉，等. 怒江流域林地景观演变过程及其驱动力研究 [J]. 地

理科学进展，2006，25（5）：41-46.

[113] 邹秀萍，齐清文，徐增让，等. 怒江流域土地利用/覆被变化及其景观生态效应分析 [J]. 水土保持学报，2005，19（5）：147-151.

[114] 杨华，姚能昌，白杨，等. 怒江流域中段典型地区（福贡县）景观格局变化研究 [J]. 林业调查规划，2008，33（1）：25-29.

[115] 王随继，魏全伟，谭利华. 山地河流的河相关系及其变化趋势——以怒江、澜沧江和金沙江云南河段为例 [J]. 山地学报，2009，27（1）：5-18.

[116] 周长海，吴绍洪，戴尔阜，等. 纵向岭谷区水汽通道作用及植被生产力响应 [J]. 科学通报，2006，51（SI）：81-89.

[117] 冯彦，何大明，甘淑. 纵向岭谷区怒江流域生态变化之驱动力分析 [J]. 山地学报，2008，26（5）：538-545.

[118] 张万诚，肖子牛，郑建萌，等. 怒江流量长期变化特征及对气候变化的响应 [J]. 科学通报，2007，52（SII）：135-141.

[119] 尤卫红，郭志荣，何大明. 纵向岭谷作用下的怒江跨境径流量变化及其与夏季风的关系 [J]. 2007，52（SII）：128-134.

[120] 刘韬. 怒江流域（云南段）植被格局动态研究 [D]. 昆明：云南大学，2009.

[121] 杨晶琼，杨周胜. 云南"三江"流域地震活动性研究 [J]. 地震地磁观测与研究，2008，29（2）：1-6.

[122] 钟华平，刘恒，耿雷华. 怒江水电梯级开发的生态环境累积效应 [J]. 水电能源科学，2008，26（1）：1591-1596.

[123] 耿雷华，杜霞，刘恒，等. 纵向岭谷区怒江健康流量阈值研究 [J]. 人民长江，2008，39（19）：42-44，60.

[124] 包广静. 怒江水电移民与区域发展关联分析 [J]. 人民长江，2010，41（7）：97-101.

[125] 董哲仁. 怒江水电开发的生态影响 [J]. 生态学报，2006，26（5）：1591-1596.

[126] 朱金兆，胡建忠. 黄河中游地区侵蚀产沙规律及水保措施减洪减沙效益研究综述 [J]. 中国水土保持科学，2004，2（3）：41-48.

[127] 权锦，马建良. 石羊河流域基流分割及特征分析 [J]. 水电能源科学，2012，28（1）：15-17.

[128] 崔玉洁，刘德富，宋林旭，等. 数字滤波法在三峡库区香溪河流域基流分割中的应用 [J]. 水文，2011，31（6）：18-23.

[129] 雷泳南，张晓萍，张建军，等. 自动基流分割法在黄土高原水蚀风蚀交错区典型流域适用性分析 [J]. 中国水土保持科学，2011，9（6）：57-64.

[130] 豆林，黄明斌. 自动基流分割方法在黄土区流域的应用研究 [J]. 水土保持通报，2010，30（3）：107-111.

[131] 陈强，苟思，秦大庸，等. 一种高效的 SWAT 模型参数自动率定方法 [J]. 水利学报，2010，41（1）：113-119.

[132] 张银辉. SWAT 模型及其应用研究进展 [J]. 地理科学进展，2005（9）：121-130.

[133] 吴险峰，刘昌明. 流域水文模型研究的若干进展 [J]. 地理科学进展，2002，21（4）：341.

[134] 徐宗学. 水文模型：回顾与展望 [J]. 地理科学进展，2010，46（3）：278-289.

[135] 梁犁丽，汪党献，王芳. SWAT 模型及其应用进展 [J]. 中国水利水电科学研究院学

报, 2007, 5 (2): 125 - 131.

[136] 朱新军, 王中根. SWAT 模型在漳卫河流域应用研究 [J]. 地理科学进展, 2006 (9): 105 - 111.

[137] 刘昌明, 李道峰, 田英, 等. 基于 DEM 的分布式水文模型在大尺度流域应用研究 [J]. 地理科学进展, 2003 (9): 437 - 445.

[138] 李峰, 胡铁松, 黄华金. SWAT 模型的原理、结构及其应用研究 [J]. 中国农村水利水电, 2008 (3): 24 - 28.

[139] 欧春平, 夏军, 王中根, 等. 土地利用/覆被变化对 SWAT 模型水循环模拟结果的影响研究——以海河流域为例 [J]. 水力发电学报, 2009, 29 (4): 124 - 129.

[140] 王艳君, 吕宏军, 姜彤. 子流域划分和 DEM 分辨率对 SWAT 径流模拟的影响研究 [J]. 水文, 2008, 28 (3): 22 - 25.

[141] 王艳君, 吕宏军, 施雅风, 等. 城市化流域的土地利用变化对水文过程的影响——以秦淮河流域为例 [J]. 自然资源学报, 2009, 24 (1): 30 - 36.

[142] 庞靖鹏, 徐宗学, 刘昌明. SWAT 模型中天气发生器与数据库构建及其验证 [J]. 水文, 2007, 27 (5): 25 - 30.

[143] 吴军, 张万昌. SWAT 径流模拟及其对流域内地形参数变化的响应研究 [J]. 水土保持通报, 2007, 27 (3): 52 - 58.

[144] 桑学锋, 周祖昊, 秦大庸, 等. 改进的 SWAT 模型在强人类活动地区的应用 [J]. 水利学报, 2008, 39 (12): 1377 - 1389.

[145] 代俊峰, 崔远来. 基于 SWAT 的灌区分布式水文模型——Ⅰ. 模型构建的原理与方法 [J]. 水利学报, 2009a, 40 (2): 145 - 152.

[146] 代俊峰, 崔远来. 基于 SWAT 的灌区分布式水文模型——Ⅱ. 模型应用 [J]. 水利学报, 2009b, 40 (3): 311 - 318.

[147] 张利平, 陈小凤, 张晓琳, 等. SWAT 模型在白莲河流域径流模拟中的应用研究 [J]. 长江科学院院报, 2009, 26 (6): 4 - 8.

[148] 沈晓东, 王腊春, 谢顺平. 基于栅格数据的流域降雨径流模型 [J]. 地理学报, 1995, 50 (3): 264 - 269.

[149] 郭生练, 熊立华, 杨井, 等. 基于 DEM 的分布式流域水文物理模型 [J]. 武汉水利电力大学学报, 2000, 33 (6): 1 - 5.

[150] 任立良, 刘新仁. 数字高程模型信息提取与数字水文模型研究进展 [J]. 水科学进展, 2000, 11 (4): 463 - 469.

[151] 张成才, 马双梅, 孙喜梅. 基于 DEM 模型的流域参数识别方法研究 [J]. 灌溉排水, 2002 (1): 33 - 35, 40.

[152] 牛振国, 李保国, 张凤荣, 等. 参考作物蒸散量的分布式模型 [J]. 水科学进展, 2002, 13 (3): 303 - 307.

[153] 梁国付, 丁圣彦. 气候和土地利用变化对径流变化影响研究——以伊洛河流域伊河上游地区为例 [J]. 地理科学, 2012, 32 (5): 635 - 640.

[154] 李峰平, 章光新, 董李勤. 气候变化对水循环与水资源的影响研究综述 [J]. 地理科学, 2013, 33 (4): 457 - 464.

[155] 姚檀栋, 朱立平. 青藏高原环境变化对全球变化的响应及其适应对策 [J]. 地球科学进展, 2006, 21 (5): 459 - 464.

[156] 姚檀栋, 刘晓东, 王宁练. 青藏高原地区的气候变化幅度问题 [J]. 科学通报, 2000, 45 (1): 98-106.

[157] 潘威, 闫芳芳, 郑景云, 等. 1766 年以来黄河上中游汛期径流量变化的同步性 [J]. 地理科学, 2013, 33 (9): 1145-1149.

[158] 丁一汇, 任国玉, 石广玉, 等. 气候变化国家评估报告 (Ⅰ): 中国气候变化的历史和未来趋势 [J]. 气候变化研究进展, 2006, 2 (1): 3-8, 50.

[159] 丁一汇, 张莉. 青藏高原与中国其他地区气候突变时间的比较 [J]. 大气科学, 2008, 32 (4): 794-805.

[160] 王堰, 李雄, 缪启龙. 青藏高原近 50 年来气温变化特征的研究 [J]. 干旱区地理, 2004, 27 (1): 41-46.

[161] 姜永见, 李世杰, 沈德福, 等. 青藏高原近 40 年来气候变化特征及湖泊环境响应 [J]. 地理科学, 2012, 32 (12): 1503-1512.

[162] 曹建廷, 秦大河, 康尔泗, 等. 青藏高原外流区主要河流的径流变化 [J]. 科学通报, 2005, 50 (21): 2403-2408.

[163] 姚治君, 段瑞, 刘兆飞. 怒江流域降水与气温变化及其对跨境径流的影响分析 [J]. 资源科学, 2012, 34 (2): 202-210.

[164] 叶柏生, 丁永建, 焦克勤, 等. 我国寒区径流对气候变暖的响应 [J]. 第四纪研究, 2012, 32 (1): 103-110.

[165] 刘冬英, 沈燕舟, 王政祥. 怒江流域水资源特性分析 [J]. 人民长江, 2008, 39 (17): 64-66.

[166] 刘晓东, 侯萍. 青藏高原及其邻近地区近 30 年气候变暖与海拔高度的关系 [J]. 高原气象, 1998, 17 (3): 245-249.

[167] 穆兴民, 高鹏, 巴桑赤烈, 等. 应用流量历时曲线分析黄土高原水利水保措施对河川径流的影响 [J]. 地球科学进展, 2008, 23 (4): 382-389.

[168] 黄国如, 陈永勤. 枯水径流若干问题研究进展 [J]. 水电能源科学, 2005, 23 (4): 61-64.

[169] 李少娟, 何大明, 张一平. 纵向岭谷区降水量时空变化及其地域分异规律 [J]. 科学通报, 2007, 52 (增刊Ⅱ): 51-63.

[170] 尤卫红, 段长春, 何大明. 纵向岭谷作用下的干湿季气候差异及其对跨境河川径流量的影响 [J]. 科学通报, 2006, 51 (增刊): 56-65.

[171] 李运刚, 何大明, 叶长青. 云南红河流域径流的时空分布变化规律 [J]. 地理学报, 2008, 63 (1): 41-49.

[172] 桑燕芳, 王中根, 刘昌明. 水文时间序列分析方法研究进展 [J]. 地理科学进展, 2013, 32 (1): 20-30.

[173] 何大明, 吴绍, 潘涛. 纵向岭谷区特殊环境格局的生态效应及安全调控 [C] //李文华. 中国当代生态学研究. 北京: 科学出版社, 2013: 382-403.

[174] 何大明, 吴绍洪, 彭华, 等. 纵向岭谷区生态系统变化及西南跨境生态安全研究 [J]. 地球科学进展, 2005, 20 (3): 338-344.

[175] 吴绍洪, 尹云鹤, 郑度, 等. 青藏高原近 30 年气候变化趋势 [J]. 地理学报, 2005, 60 (1): 3-11.

[176] 冯松, 汤懋苍, 王冬梅. 青藏高原是我国气候变化启动区的新证据 [J]. 科学通报,

1998，43（6）：633-636.

[177] 潘保田，李吉均. 青藏高原：全球气候变化的驱动机与放大器——Ⅲ. 青藏高原隆起对气候变化的影响 [J]. 兰州大学学报（自然科学版），1996，32（1）：108-115.

[178] 赖祖铭. 气候变化对青藏高原大江河径流的影响 [J]. 冰川冻土，1996，（S1）：314-320.

[179] 李林，陈晓光，王振宇，等. 青藏高原区域气候变化及其差异性研究 [J]. 气候变化研究进展，2010，6（3）：181-186.

[180] 郝振纯，江微娟，鞠琴，等. 青藏高原河源区气候变化特征分析 [J]. 冰川冻土，2010，32（6）：1130-1135.

[181] 李潮流，康世昌. 青藏高原不同时段气候变化的研究综述 [J]. 地理学报，2006，61（3）：327-335.

[182] 林振耀，赵昕奕. 青藏高原气温降水变化的空间特征 [J]. 中国科学（D辑：地球科学），1996，26（4）：354-358.

[183] 郭敬辉. 川西滇北地区水文地理 [M]. 北京：科学出版社，1985.

[184] 汤奇成，程天文，李秀云. 中国河川月径流的集中度和集中期的初步研究 [J]. 地理学报，1982，37（4）：383-393.

[185] 樊辉，杨晓阳. 黄河干、支流径流量与输沙量年际变化特征 [J]. 泥沙研究，2010（4）：11-15.

[186] 樊辉，何大明. 怒江流域气候特征及其变化趋势 [J]. 地理学报，2012，67（5）：621-630.

[187] 卢爱刚，庞德谦，何元庆，等. 全球升温对中国区域温度纬向梯度的影响 [J]. 地理科学，2006（3）：345-350.

[188] 傅抱璞. 地形和海拔高度对降水的影响 [J]. 地理学报，1992，47（4）：302-314.

[189] 汤懋苍. 祁连山区降水的地理分布特征 [J]. 地理学报，1985，40（4）：323-332.

[190] 王遵娅，丁一汇，何金海，等. 近50年来中国气候变化特征的再分析 [J]. 气象学报，2004，62（2）：228-236.

[191] 周刊社，杜军，袁雷，等. 西藏怒江流域高寒草甸气候生产潜力对气候变化的响应 [J]. 草业学报，2010，19（5）：17-24.

[192] 罗贤，何大明，季漩，等. 近50年怒江流域中上游枯季径流变化及其对气候变化的响应 [J]. 地理科学，2016，36（1）：107-113.

[193] 王利娜，朱清科，仝小林，等. 黄土高原近50年降水量时空变化特征分析 [J]. 干旱地区农业研究，2016，34（3）：206-212.